# EUDAIMONIA

ARISTOTLE'S WAY:
HOW ANCIENT WISDOM CAN
CHANGE YOUR LIFE

# 良好生活
# 操作指南

## 亚里士多德的十堂幸福课

[英] 伊迪丝·霍尔 著
E·D·I·T·H · H·A·L·L

孙萌 译

后浪出版公司

天津出版传媒集团

天津人民出版社

本书献给

记忆中的老尼各马可和菲斯提斯之子，斯塔吉拉人亚里士多德

# 目　录

# 亚里士多德年表

公元前 384 年　　　　亚里士多德出生于斯塔吉拉，其父是老
　　　　　　　　　　尼各马可，其母是菲斯提斯。

公元前 372 年　　　　亚里士多德的父亲去世，他被阿塔纽斯
　　　　　　　　　　的普洛克塞努斯收养。

公元前 367 年　　　　亚里士多德迁居雅典，在柏拉图的学园
　　　　　　　　　　中学习。

公元前 348 年　　　　马其顿的腓力二世摧毁斯塔吉拉，但在
　　　　　　　　　　亚里士多德的请求下重建该地。

公元前 347 年　　　　柏拉图去世后，亚里士多德离开雅典，
　　　　　　　　　　来到阿索斯的统治者赫米亚斯的宫廷中。

公元前 345—前 344 年　亚里士多德在莱斯博斯岛进行动物学研究。

公元前 343 年　　　　腓力二世邀请亚里士多德至马其顿教育
　　　　　　　　　　其子亚历山大。

公元前 338—前 336 年　亚里士多德可能在伊庇鲁斯和伊利里亚

地区生活。

| | |
|---|---|
| 公元前 336 年 | 腓力二世遭刺杀,亚历山大继位,即亚历山大三世(亚历山大大帝)。亚里士多德迁居雅典,建立吕克昂学园。 |
| 公元前 323 年 | 亚历山大三世死于巴比伦。 |
| 公元前 322 年 | 亚里士多德在雅典以"不敬神"的罪名被控告,迁居哈尔基斯,后于那里去世。 |

# 地　图
## 亚里士多德生活过的地方

地图中以黑体显示的地名即亚里士多德生活过的地方。带点区域是
公元前4世纪时的希腊语地区

# 导　言

　　"快乐"[1]和"幸福"这两个词十分常见。你可以购买一份"欢乐"套餐，或者在"畅饮"时段来一杯便宜的鸡尾酒。你可以服用"快乐丸"来调节你的心情，或者在社交媒体上发布一个"开心"的表情。我们十分珍视幸福。2014年9月，说唱歌手法瑞尔·威廉姆斯（Pharrell Williams）的歌曲《幸福》在2014年成了美国和其他二十三个国家最为畅销的歌曲。按威廉姆斯的歌词，幸福就是转瞬间的欢欣感，或者说感到自己如同"一只能飞向太空的热气球"。

　　然而我们也会被幸福这个词所迷惑。几乎每个人都确信，他们想要得到幸福，这种幸福通常是指一种持续满足的心理状态

---

[1] 英语中的 Happy 和 Happiness 与中文中许多词都可互译，例如快乐、欢乐、畅快等。当亚里士多德在最高善的意义上使用该词时，本书译者遵循商务印书馆版本《尼各马可伦理学》的译法，将之翻译为幸福。但此处，本书作者意在表明 happy 一词适用性之广，因而根据不同情境翻译有所不同。（注：除特别说明为"作者注""编者注"的注释外，其余注释皆为"译者注"。）

（不同于威廉姆斯所说的）。如果你告诉你的孩子"只是想让他们幸福"，你的意思是希望他们永远快乐。矛盾的是，在我们的日常对话中，幸福往往用于描述由一顿饭、一杯鸡尾酒、一封邮件带来的琐碎而短暂的欢欣，或者像四格漫画《花生豆》[1]中，露茜拥抱了史努比之后说的，是同"一只温暖的小狗"的相遇。而"生日快乐"是指你生日那天庆祝时的数小时愉快时光。

　　如果幸福是持续一生的存在状态呢？哲学家在这一问题上分成了两大阵营。对其中一方来说，幸福是客观的，可以被旁观者或者历史学家理解甚至评价。幸福就是诸如健康、长寿、拥有充满爱的家庭、没有经济问题和理财焦虑。按照这个定义，我们可以说维多利亚女王[2]显然拥有"幸福"的人生，她活了八十多岁，育有九个健康成人的孩子，并且享誉世界。而玛丽·安托瓦内特[3]则显然是"不幸的"：她的四个孩子中有两个夭折在襁褓中，她自己则被国民唾骂，最终在三十多岁时就被处死刑。

　　大部分关于幸福的书都采用这一客观的"福祉"作为定义，政府所开展的调研也据此在国际范围内衡量本国国民的幸福程

---

1　由查尔斯·M. 舒尔茨（Charles M. Schulz，1922—2000）创作的系列短漫，主角即为小狗史努比和它的人类伙伴们。

2　维多利亚女王（Alexandrina Victoria，1819—1901）：1837—1901年在位的英国女王。

3　玛丽·安托瓦内特（Marie Antoinette，1755—1793）：法国国王路易十六的王妃，在法国大革命中被处死。

度。自2013年起，每年3月20日，联合国都会庆祝国际幸福日，希望通过消灭贫困、减少不平等和保护地球来促进这种可衡量的幸福。

但另一方的哲学家们拒斥这种观点，他们以主观的方式理解幸福。对他们来说，幸福并不和"福祉"类似，倒是更接近"满足"和"快乐"（felicity）。根据这种观点，旁观者无法得知某个人是不是幸福的，最开朗活泼的人也可能患有严重的忧郁症。这种主观的幸福可以描述但不可衡量。我们无法评判是玛丽·安托瓦内特还是维多利亚女王在生命的大部分时间里更幸福：也许玛丽·安托瓦内特享受了长久而强烈的满足感，而维多利亚女王则从来没有，因为她早年便失去丈夫，常年孤独一人。

亚里士多德是第一个探究这种主观幸福的哲学家，他为成为幸福的人提出了一套复杂但人性化的方案，这套方案直到今天仍然有效。亚里士多德的哲学能提供你所需要的一切来让你避免落入托尔斯泰的小说《伊万·伊里奇之死》（1886）中那位垂死的主人公的境遇：他把大半生命浪费在了跨越社会阶层、让个人利益凌驾于同情和共同体的价值之上，还娶了个他不喜欢的女人；面对迫近的死亡，他憎恶最亲近的家人，他们甚至不和他谈论他的死。亚里士多德的伦理学囊括了所有现代思想家们所认为的有关主观幸福的一切：自我实现、寻求"意义"、创造性地参与生命的"洪流"或者"积极情绪"。[1]

本书将以当代语言呈现历史悠久的亚里士多德伦理学，它将亚里士多德的教诲运用到若干真实生活的实际挑战中：做决定、写工作申请、面试中的沟通、运用亚里士多德所列出的德性与恶对照表来分析你自己的品质、对诱惑的抵御，以及对朋友和伴侣的选择。

不论你处于人生的哪个阶段，亚里士多德的观点都能让你更幸福。多数哲学家、神秘主义者、心理学家和社会学家不外乎换一种方式复述亚里士多德的基本观点。亚里士多德不但首先陈述了这些观点，而且做得比任何后来者更好、更清楚和更全面。在亚里士多德为幸福开出的处方中，每一部分都与不同的人生阶段相关，同时又与其他部分彼此关联。

亚里士多德坚持认为，作为个体，获得主观的幸福既是你独一无二且重大的责任，同时也是一种重要天赋——不管每个人所处环境如何，**选择**变得更幸福是大多数人力所能及的。但是把幸福理解为一种内在的、个人的心灵状态仍然是含混不清的。那么幸福究竟是什么？现代哲学家们从三种不同的途径来讨论主观

---

[1]　Karen Horney, *Neurosis and Growth* (New York and London: W. W. Norton, 1991); Viktor Frankl, *Man's Search for Meaning* (New York: Washington Square Press, 1984); Mihaly Csikszentmihalyi, *Flow* (New York: Harper & Row, 1992); Martin E. P. Seligman, *Authentic Happiness* (London: Nicholas Brealey Publishing, 2003).——作者注

的幸福。

　　第一种途径同心理学和精神药物相关，这认为幸福是沮丧的反面，是一种私人情感状态，是一系列持续不断的心情体验，包括一种乐观积极的态度。理论上，那些在生活中毫无抱负、一天到晚沉迷于电视节目的人也可以感受幸福，但只有拥有善的灵魂的人才能永久享受它。这或许是性格问题，或许是遗传来的（乐观向上的性格特质似乎的确会在家人间传递）。根据某些东方哲学的看法，这种情感状态能够通过诸如超觉冥想之类的技术培养出来。而西方哲学家推测，幸福甚至可能同天生高水平的血清素有关。血清素是一种神经递质，很多医生和精神病学家认为它对维持情绪平衡有重大作用，而抑郁的人缺少这种递质。轻松快乐的性格的确令人羡慕，不过我们中的大多数人并非天生如此。现代抗抑郁药主要致力于提高人体内血清素的水平，无论是对遭受某些特殊事件而陷入暂时性消沉的人，还是对患有内源性的长期抑郁症的人来说，这类药物都有很大帮助。但是乐观的样子就是幸福吗？将生命用在观看电视节目的人有资格算是幸福的吗？对亚里士多德来说，幸福要求实现人的各种潜能，他对以上问题的答案会是"不"。约翰·F. 肯尼迪以一句话总结了亚里士多德式的幸福："穷尽一生，在追求卓越的道路上充分发挥你的能力。"

　　讨论主观幸福的第二种当代哲学途径是"享乐主义"理论。

这种观念认为幸福取决于我们生命中有多少时候是在享受、体验快乐、感受欢愉乃至狂喜。享乐主义（这个词来源于hedone，古希腊语中的"快乐"）有其古老的根源。印度哲学中的顺世论派（Charvaka）建立于公元前6世纪，该学派信奉这样的观点："天堂的快乐在于享受美食，和年轻女子交往，穿漂亮的服装，用高级香水、花环和檀香木粉，愚者才在苦修和斋戒中精疲力竭。"[1]一个世纪之后，苏格拉底的一个学生，来自北非昔兰尼的亚里斯提卜（Aristippus）提出了名为"享乐主义的利己主义"的伦理学体系，并且写了本叫《论古代享乐》（*On Ancient Luxury*）的书，讲那些寻欢作乐的哲人们的事迹。亚里斯提卜断言，每个人都该尽快且尽可能多地体验肉体的和感官的快乐，不要考虑后果。

享乐主义再度流行起来是因为功利主义者——其鼻祖是杰里米·边沁（1748—1832）。他们辩称，道德选择和行动的正确基础就是实现最大多数人的最大幸福。边沁认为这一原则能用于立法。在其1789年的宣言《道德与立法原理导论》（*An Introduction to the Principles of Morals and Legislation*）中，他真的设计了一套算法来计算快乐值，也就是任一给定行动所产生的快乐的总量，这套算法经常被称作"快乐计量学"。边沁列举了计算所需的变

---

1　*The Sarvasiddhanta Samgraha*, verses 9–12.——作者注

量：快乐的**强度**如何？能持续多久？它是我所思考的行动必然导致的结果还是可能的结果？这结果要用多久才能产生？它还能产生或引发更多的快乐吗？它能保证不会有痛苦的后果吗？有多少人能享受到它？

比起快乐的类型，边沁对快乐的总量更感兴趣，他更关注数量而非质量。如果电影演员埃罗尔·弗林[1]在临终遗言中所述说的自己心灵的体验是真实的——据说那是"我曾有过太多的乐趣，我享受身在其中的每一分钟"，那么根据计量享乐主义的理论，他无疑是非常幸福的。

但埃罗尔·弗林的"乐趣"和"享受"究竟是什么意思？在边沁的弟子约翰·斯图亚特·密尔看来，"计量享乐主义"并不区分人的幸福和猪的幸福，而后者只要有源源不断的肉体快乐就够了。因此密尔提出了另一种观点，认为有不同等级和类型的快乐。我们人类和动物有相同的肉体快乐，例如吃或性的快乐，这些是较"低级"的快乐。而心灵的愉悦，比如从艺术、理智论辩或是良好的行为中获得的快乐，是"更高级"和更有价值的。这种享乐主义哲学理论常常被称作审慎享乐主义或品质享乐主义。

21 世纪已经很少有哲学家支持实现主观幸福的享乐主义途

---

1　埃罗尔·弗林（Errol Flynn, 1909—1959）：生于澳大利亚的美国男演员，曾出演多部好莱坞影片，代表作有《剑侠唐璜》《喋血船长》《江山美人》等。

径，这一理论在 1974 年遭受重创。当时，哈佛教授罗伯特·诺齐克[1]出版了《无政府、国家与乌托邦》（*Anarchy, Stage, and Utopia*）一书，他在其中设想了一部能在人的一生中为之提供源源不断快乐体验的机器，而这些同机器连接的人亦无法分辨由机器模拟的体验和"真实生活"。有人愿意自己被连接在这样一部机器上吗？不，我们想要真实。因此从逻辑上说，我们并不觉得愉快的感觉就是主观幸福总体上唯一的决定因素。

诺齐克写这本书的时候，正是个人计算机开始普及、虚拟现实的理念萌芽的时期。他的思想实验引发了公众的想象，并且同伍迪·艾伦的电影《傻瓜大闹科学城》（1973）中的"高潮终端机"联系在了一起。也许终将有一天，大多数人宁可选择持久的虚拟快感的确定性，也不选由活生生的经验构成的冒险事业，但那一天还没有到来。我们希望得到幸福，但是我们似乎也仍然相信，幸福不仅仅是愉快的体验，它呼唤着更持久、更有意义或更有益的东西。而这些东西就是亚里士多德在希腊古典时期所关注的。他认为幸福是一种心理状态，一种关于自己的所作所为、同外界的互动及生活方式的实现感和满足感。它暗含了活动和以目的为导向的元素。除积极心态和享乐主义以外，它构成了现代哲

---

1　罗伯特·诺齐克（Robert Nozick，1938—2002）：美国哲学家和伦理学家，主要著作还有《苏格拉底的困惑》《经过省察的人生》等。

学理解主观幸福的第三种途径。这种途径基于分析和调整你自己的抱负、行为和对世界的回应，它直接来源于亚里士多德。

亚里士多德相信，如果你通过培育德性、控制恶让自己变得更好，你就会发现，心灵的幸福状态来源于**习惯性地做正确之事**。如果你能每次都在自己的孩子跑向你时特意露出欢迎的笑容，那么你就已经开始无意识地做这件事了。一些哲学家提出质疑，德性生活是否比其反面更值得欲求？但是"德性伦理学"近来在哲学圈中得以正名，人们认为它是有益的。尽管亚里士多德把所有德性都视为一个整体，现今的哲学家们还是倾向于将它们分成若干子类。詹姆斯·华莱士[1]在《德性与恶》（*Virtues and Vices*，1978）中就提出了三种道德：自律的德性，例如勇气和耐心；良知的德性，例如诚实和公正；包含善行的德性，例如友好和同情心。前两种德性对个人和共同体事业的成功产生好的影响，而包含善行的德性没有这么明确，但它们仍能让你更热爱你自己和你周围的所有人。所以德性能产生**外在的**益处：当你周围的人都快乐时，你更有可能感到快乐，因此成为有德性之人符合你经过启蒙的自利。但是亚里士多德，还有苏格拉底、斯多亚学派及维多利亚时代的哲学家托马斯·希尔·格林都认为，德性还

---

1　詹姆斯·唐纳德·华莱士（James Donald Wallace，1937—2019）：美国道德哲学家，著有《启示与道德冲突》《规范与实践》等书。

有直接的内在益处，指向他人的德性也建构了你自己的幸福。[1]

在《尼各马可伦理学》中，亚里士多德探讨了幸福的原因。他说，如果幸福不是神恩赐的（亚里士多德不认为神会参与人类事务），"那么它就是一种善的结果，同时也是学习和努力的结果"。幸福的构成可以被描述和分析，就像其他学科的知识，比如天文学或生物学一样。但是学习幸福的过程不同于其他那些科学，因为前者有明确的目标，即获得幸福。因此它更类似医学或政治理论。

不仅如此，亚里士多德还认为，幸福潜在地还可能是广泛的，"因为所有德性能力未曾受损的人都能够通过学习或努力获得它"。亚里士多德知道，向善的能力会在特定环境和事件中丧失，不过对大部分人来说，如果他们选择投身于创造幸福，那么幸福就一定是可得的。几乎所有人都可以**选择**去获得幸福，这不只是一小撮有哲学学位的人的专利。

"几乎所有人"当然是这句话的关键词。亚里士多德不是给我们一根魔杖来消除所有危及幸福的东西，追求幸福的普遍能力确实有些限定条件，亚里士多德也知道，有些特定的优势是你可

---

1　Craig K. Ihara, "Why be virtuous", 载于 A. W. H. Adkins, Joan Kalk Lawrence 及 Craig K. Ihara 编辑的 *Human Virtue and Human Excellence* (New York: Peter Lang, 1991), pp. 237–268; Thomas Hill Green, *Prolegomena to Ethics* (1883)。——作者注

能具备也可能不具备的。如果你不幸生在一个社会经济地位非常低下的阶层，或者没有孩子、其他家人或爱人，或者极为丑陋，那么按亚里士多德的说法，这个你无法逃避的境况就会"令幸福黯淡无光"。上述人群虽然更难，但也不是不可能获得幸福。你不需要物质财富、强健的体魄或者美丽的外表，就能开始和亚里士多德一起操练心灵，因为亚里士多德倡导的生活方式更多关涉道德和心理的卓越而非依赖物质财富和身体的美丽。也有更难逾越的障碍：有全然堕落的孩子或朋友就是其中之一。还有另一个困难亚里士多德直到最后才提及它，而在别处只是暗示，那是人所能遭遇的最艰难的境遇，那就是你为之倾注了很多心力的挚友，特别是孩子的死亡。

尽管如此，那些天资很差或是经历过丧亲之痛的人也可能过上幸福的生活，漫步于德性之道。"这种哲学人人都能实践，它不同于大部分其他类型的哲学。"亚里士多德解释说，因为这种哲学拥有需要在现实的日常生活中亲自实践的目标。关于伦理学，他补充道："不同于其他哲学分支，拥有实践的目的。我们研究做一个好人的本质是什么，并不是为了知道它的本质，而是为了使我们成为好人，倘若我们自己没能变好，那么研究结果就毫无用处。"实际上，做好人的唯一办法就是做好事。你必须始终用公正的态度对待他人，休息日要分担你伴侣的一半职责来陪伴孩子，即使取消了家庭保洁的订单，你也得付给保洁员全部薪水。亚里士多德说，很多人认为只是谈论好的行为就够了："他们只是谈论什么是善，而不去亲力亲为，还以为他们是在思考哲学，以为这就能让他们成为好人。"他把这种人比作"认真聆听医嘱却完全不遵守的患者"。

像亚里士多德一样思考，就意味着运用我们对人类本性的理解从而以最好的方式生活。这就是说，自然是分析我们的事务和选择的基础，而不是某种超越自然的概念，比如上帝或诸神。这也是亚里士多德和他的老师柏拉图之间最重要的一个区别：柏拉图认为有关存在之疑难的答案必须在不可见的、无形的理念[1]或事物本质的"型相"世界中寻找，它超越了人类所能看到的物质世界；而亚里士多德只关注我们可以感知的此时此地[2]那些激动人心的现象。诗人、古典学者路易斯·麦克尼斯（Louis MacNeice）在《秋天日记》第十二篇中赞扬了这种态度：

> 亚里士多德更好，他观察昆虫繁衍，
>
> 自然世界成长发展，

---

1　"理念"或"型相"（idea）是柏拉图的重要哲学概念，它是存在于超越了人类感官的不可见世界中的事物本质，而感官世界中的一切都是理念的模仿品。例如我们的世界上形态大小各异的所有桌子，都是桌子的理念的摹本。

2　亦即我们身处的当下世界，而不是超越世界或来世。

他重视活动，令型相在自身内解体，

解开缰绳，任马儿自在驰骋。

亚里士多德将人类经验置于自己全部思想的中心，托马斯·莫尔、弗朗西斯·培根、查尔斯·达尔文、卡尔·马克思和詹姆斯·乔伊斯都对此深表敬佩。现代哲学家们，其中包括若干生于20世纪的杰出女性——汉娜·阿伦特、费丽帕·福特、玛莎·努斯鲍姆、莎拉·布罗迪和夏洛特·维特都曾写出过深受亚里士多德影响或献给亚里士多德的著作。

亚里士多德坚信，创造幸福并非盲目地运用宏大的规则和原理，相反，它是在每个具体情境中投身到具体的生活中去，看到"每一匹驰骋的马儿"身上的特殊性。一般性的指导当然存在，就像医术和航海，医生或船长具备关于特定原则的知识，有一些一般性的决定原则指导我们的行动，但每个病人或每次航行的问题总有细微的差别，需要有针对性的解决方案。

在自己的生活中，作为道德主体，你"必须考虑在每个情境中最适合你处境的是什么"。总有一些休息日你必须独自照顾孩子或者完全不用照顾孩子。这不仅是每个场合不尽相同的问题，而且是每个**个体**都不一样，因而在日常生活中成为好人的行为对每个个体来说也是不同的。亚里士多德在此用了一个类比：有的运动员比其他同行需要更多食物，比如希腊最负盛名的摔跤冠军克罗托那的米罗（Milo of Croton）就是大胃王。我们中的每一个人都需要获得自我知识，并且确定我们需要给自己何种伦理寄托：是提供帮助、抛开怨恨、学着道歉，还是完全其他的事情？

我知道自己并不特别优秀或友好，相反，我还要努力克服一些令人不快的性格特点。在读过亚里士多德关于德性与恶的论述，并且同那些我信任的人们开诚布公地讨论之后，我认为我最坏的毛病有以下这些：缺乏耐心、行事鲁莽、过分直率、情绪极端，还有报复心强。但是亚里士多德关于理想的中庸之道的观念处于极端之间，我们也叫它"黄金中庸"，它告诉我们只要有所**节制**，这些缺点也都有好的一面：从不失去耐心的人没法让事情结束，从不冒险的人只能过有限的生活，逃避真相、不愿表达痛苦和欢乐的人有心理缺陷或者缺乏感情，而没有欲求、哪怕对伤害了自己的人也丝毫不想采取行动的人，要么就是在自欺欺人，要么就是对自己评价过低。

世界充斥着恶。一些人似乎沉迷于或至少习惯于犯下丑行、伤害他人，对此我们都心知肚明或多少有所耳闻。但多数人还是坚信，如果有足够的基本资源，无须为了生存而被迫变得自私自利，那么大部分人还是乐于展现善心并同他人有所联系的。帮助他人时，自己也会感觉很好，在家庭和共同体中和他人合作共处，这似乎是人类的自然欲求和存在状态。以亚里士多德的方式生活的人的标志就是在这些社会群体中生活、理性思考、做出道德选择，并用健康的快感来引导善的事物，使自己和他人得到幸福。

其他一些古代哲学学说也有其现代支持者，特别是马可·奥勒留、塞涅卡和爱比克泰德的斯多亚主义。但斯多亚主义并不提倡亚里士多德伦理学中的那种在世快乐，它是一种悲观无情的哲学，要求压抑情感和身体欲望，宣扬顺从地接受不幸，而非积极实际地投入日常生活种种迷人、细致的事务并解决问题。它不颂扬希望、人的能动性和面对悲惨境遇时的不屈不挠。它因快乐自身的缘故而谴责之。西塞罗曾问："什么？一个斯多亚主义者还能燃起热情吗？即便真的遇见了充满激情的人，他也会立刻把那激情扼杀掉。"而斯多亚主义与这描述很一致。

亚里士多德为那些充满干劲地介入共同体生活的人而写作。伊壁鸠鲁派要人们放弃追求权力、名声和财富，以便过上一种尽可能免受烦扰的生活。怀疑主义者尽管同意亚里士多德的观点，认为我们必须质疑所有假设，但他们却也认为，真正的知识是不可能的。他们声称，要找出一套一般原则来一起过一种有意义的生活是根本没指望的。犬儒主义者认可亚里士多德所说的人是高级动物，生活的目的是幸福，这是可以凭借理性获得的，但是他们倡导的路径是非习俗的：幸福要通过苦修，通过摒弃家庭生活、物质财产和对诸如名声、权力和财富之类的社会报酬的追求来实现。最为人熟知的犬儒主义者第欧根尼（他是比亚里士多德年长的同代人，在柏拉图的雅典学园中颇负盛名）在露天环境里半裸着生活，他没有妻子，没有家庭，拒绝一切同社会的联系。很多人都想要一个更单纯的世界，但是极少有人愿意抛弃家庭和国家，成为一个孤独又无所事事的流浪者。

亚里士多德并非传统意义上的宗教信徒，他所处的文化所奉行的宗教如今已经无人再信奉，且比基督教和伊斯兰教的诞生早了数百年，因此他的思想不能归于任何当代政治或意识形态阵营。数十个世纪以来，他的思想无差别地启发了基督教、犹太教和伊斯兰教哲学家，更晚近些还有印度教、佛教和儒家的思想家们。他不是任何当代知识或者文化传统独占的财富。在同如此久远的人类心灵对话时，你仍能感到慰藉，因为这样的对话让你感受到除了我们所以为的技术进步，人类境况的改变是何其微小。它让你感到自己是一个仍在延续的人类共同体的一分子，感到一种超越了人类死亡和时间的支持。自休谟和康德以降，一些哲学家就开始质疑人的本性在伦理学中是否有用，因为人类文化是如此多样，即使同一共同体中的个体性情差异也是如此巨大。但是亚里士多德却描述了一系列惊人不变的人类伦理学问题。当他使用代词"我们"时，他通常是指从过去到现在再到将来的作为一个集体的所有人类。在《形而上学》最经久不衰的篇章中，他批判早期希腊诗人，例如赫西俄德对宇宙起源所做的神话性的、非科学的叙述。他认为赫西俄德和其他研究宇宙的人一样"丝毫没有考虑到**我们**，因为他们认为第一因是诸神或者来自诸神，还说没能尝到仙馔密酒的生物就成了有朽者"。早期宇宙论者并不思考"我们"，即人类，而是思考"他们"，即那些享有特权的神明们，相比于诸神，人类只是第二考量。

当你读到亚里士多德写的吝啬鬼和易怒者时，你会发现他们是辨识度很高的人格类型，他们今天也如此行事。在人生的任何阶段，亚里士多德都是个好榜样，他不仅把自己的生活、家庭和友谊都经营得很好，还在最动荡混乱的政治事件中成功实现了自己的个人抱负：在半个世纪的等待和准备之后，他创办了自己独立的学园，让自己的大部分思想得以形诸文字，流传至今。

公元前 384 年，亚里士多德生于斯塔吉拉的一个医学世家。斯塔吉拉是希腊地区一个独立的小城邦，位于爱琴海北部一个峭壁林立的半岛山巅。亚里士多德的父亲老尼各马可是个医生，他似乎在自己的本职工作上出类拔萃，因而被马其顿国王阿明塔斯三世雇用为私人医生。但是亚里士多德的童年是饱受烦忧的：大约十三岁那年，他父母双亡，而那时希腊世界内部的军事冲突正在迅速增加。但即使在那种道德行为的标准常常低得令人震惊的时期和地方，亚里士多德也依然恪守伦理准则行事。他把遇到的问题都转变成机会，用一生中的大部分时间去提炼自己的发现。他的姐夫普洛克塞努斯收养了他，并负责他的教育。

在十七岁那年，亚里士多德游历到雅典，并进入柏拉图学园。又过了二十年，柏拉图去世之后，他接受了国王赫米亚斯的邀请前去为他服务，这个王国位于小亚细亚半岛西北部，包括阿塔纽斯和阿索斯两个城邦。在那里，亚里士多德娶了赫米亚斯的女儿皮西亚丝，并由此同赫米亚斯结下了深厚友谊。在大约四十岁时，亚里士多德航行至莱斯博斯岛，并在那里进行野生生物的研究，这让他得以创立了动物学。但是公元前 343 年，生活又有了大变化，亚里士多德接受马其顿国王腓力二世召唤，前去教育其幼子亚历山大，后者后来成为著名的亚历山大大帝。腓力在位于米耶萨的一处壮美、青翠的山谷中为亚里士多德建了一所学校，米耶萨南距马其顿王国都城佩拉三十英里[1]，学校坐落于宁芙仙子的圣所，也就是一个有新鲜泉水的地方。随着腓力的马其顿王国的不断扩张，国际政治局势变得格外紧张，从公元前 338 年到公元前 336 年腓力遇刺，亚历山大继承王位，这期间亚里士多

---

1　一英里约合 1.6 千米。——编者注

德一直低调地待在伊庇鲁斯和伊利里亚（位于巴尔干半岛西部）。

在将近五十岁的时候，亚里士多德终于抓住了机会。尽管与由罗伯特·罗森（Robert Rossen）执导、理查德·伯顿（Richard Burton）主演的史诗电影《亚历山大大帝》(1956)的叙述有所不同，亚里士多德并没有随同亚历山大远征东方。他已经不再年轻了，而且自青年时代起，他就总是受他人的召唤——不管是学园的管理者柏拉图，还是他的王室赞助人赫米亚斯和腓力。他的机会来了，于是他回到雅典，建立了吕克昂学园，这是世界上第一所集研究和教学于一体的大学。尽管从年轻时起，亚里士多德就在孜孜不倦地写作和思考，但多数研究者还是认为，在他的论文中，只有写于担任吕克昂学园管理者的"黄金十二年"间的那些文字留存了下来，其他至少一百三十多篇尽皆散佚，其中包括十分珍贵的《诗学》第二卷。（关于这对世界文化造成了多么重大的损失，翁贝托·埃科在其 1980 年的小说《玫瑰的名字》中有极佳描绘。该书讲述了一个中世纪的悬疑故事，并于 1986 年被拍成电影，由肖恩·康纳利主演。在书和电影的高潮部分，一个笃信一切欢笑皆有罪的僧侣将亚里士多德论喜剧的手稿的最后一份幸存抄本付之一炬。埃科的观点或许确实反映了这部珍贵作品未能流传至现代的真正原因：在中世纪的基督教修道院中，有关喜剧的任何作品被手抄复制的可能性都远远低于关于逻辑和道德哲学的。）

*

尽管亚里士多德常常被当作一个朴实无华、毫不妥协、呕心沥血的创作者，但在他留存下来的著作中仍有为数不少扣人心弦、魅力四射的片段。亚里士多德有一种不动声色的幽默，能敏锐地捕捉到人的小缺点。例如，他曾于一些哲学家的宴会上遇到一个男子，每当酩酊大醉时，他总要滑稽地重复恩培多克勒的格言——恩培多克勒是一位思想更为晦涩的希腊哲学家，用长长的六音步诗句来表达其哲学思想。亚里士多德同许多诗人都有私交，并发现他们沉迷于他们**自己**的文学作品："他们溺爱自己的作品如父母溺爱自己的孩子。"他喜欢那些关于人们无伤大雅的小怪癖的轶事，例如拜占庭有个人通过看自己的宠物刺猬向北还是向南成了天气预报专家，又如叙拉古有个酒徒，喜欢坐在自家的鸡下的蛋上痛饮葡萄酒，直至这些蛋孵化。

亚里士多德关注自己同身体之间的关系。他深信，以有益的方式同我们所爱的人一起享受性、珍馐和美酒对人类幸福至关重要。他沉醉于味觉，热爱食物与烹饪，他知道人们在自家花园里种什么来吃。他享受体育场里的按摩和热水浴。他关于音乐和学习乐器用法的知识量表明这些是他生命的重要方面。在谈及任性又不负责任的斯巴达妇女时，他会收起他通常十分慎重的语气，这表明了他曾经同这么一个女人有过一段艰难的关系。他是一个父亲、一个叔父，也会描述人们送给孩子的礼物，比如一个球，或者一个私人油瓶。

然而，这些流传下来的论述是基于亚里士多德自己的研究，还有他给学生们讲课时的笔记，因而即使有最新、最接近我们的翻译，也往往艰深难懂。但是关于哲学家或科学家教育普通大众和受过训练的学园学生时所采取方式的区别，亚里士多德思考了很多，也深信这两种教育同等重要。他不仅不轻视"大众化"的作品，甚至自己也写了不少。他为公众撰写的一种不同的作品在古典时期被称作他的外传作品（"外传"一词意思是"面向外行的"或"为大众而作"），这些作品大多也采取了由柏拉图推而广之的那种可读性强、易于理解的对话形式。亚里士多德自己也以讨论参与者的身份出现在一些对话中，就像苏格拉底出现在柏拉图和色诺芬的哲学对话中一样。对文体类型无所不知的西塞罗曾说，亚里士多德的大众讲学是以一种"通俗的方式"（populariter）创作的，当他说亚里士多德的文章"如黄金的河流一般"流淌的时候，我们几乎可以肯定他想到了这些作品。这些外传作品中最为著名的是《劝勉篇》（*Protrepticus*），又叫《爱智慧之勉励》（*Encouragement to Philosophy*），它是为"普通人"而作的脍炙人口的哲学经典。一个叫克拉底斯的哲学家某天坐在一个鞋匠作坊中时偶然读到，随即一口气读完了。这些文章展现了亚里士多德的哲学激情，也说明使人类区别于其他动物的正是人类理智的强大力量。心灵之力量还能使凡人最接近亚里士多德所谓"神"的存在。尽管希腊人崇拜很多神，哲学家们还是有单一的、更高的神圣力量的概念，它是宇宙万物运行的终极动力。《劝勉篇》中尚存的一小部分残篇说明了这一作品是多么有趣："坐下来好好读它是十分愉快的。"

复兴亚里士多德哲学的工作给人们，尤其是女性，带来了一个可能引发争议的问题，即作为一位古代兴盛时期的家长、一家之主，亚里士多德对女人和奴隶有偏见。他在《政治学》第一卷中有一番对奴隶制——至少是对希腊人奴役非希腊人的——恶名昭彰的辩护，还明确地断言，女人的头脑劣于男人的。我并未详述亚里士多德那些（实际上极为罕见）他在其中错误地认为女人或非希腊人的奴隶在理智上同希腊男人有差距的文章[1]，而是着重强调了亚里士多德的一贯主张，即所有观点都必须**始终准备好接受修正**。

---

1　Edith Hall, "Citizens but Second-Class: Women in Aristotle's Politics"，载于 C. Cuttica 和 G. Mahlberg 编辑的 *Patriarchal Moments* (London: Bloomsbury, 2015), Ch. 3。——作者注

例如在《尼各马可伦理学》中，亚里士多德写到，即使坚定本身是一种德性，但有些时候，过分固执己见也会有害，如果有无可辩驳的证据表明你的观点是错误的，那么你就算被说成是墙头草，改变想法这一做法也是值得称道的。亚里士多德还常常展现自己对悲剧中所刻画的那些伦理故事的深入思考，他曾引用索福克勒斯《菲洛克忒忒斯》中涅俄普托勒摩斯的故事，涅俄普托勒摩斯被奥德修斯说服，前去对跛脚的菲洛克忒忒斯说谎，但当他看见菲洛克忒忒斯的痛苦际遇，又了解了其困境的更多情况后，他改变了主意，不肯再参与欺骗行为，修正了自己的意见。我倾向于认为，如果我们能和亚里士多德对话，我们也能说服他改变自己关于女人头脑的观点。

尽管亚里士多德认为传统意见（endoxa）需要被严肃看待，如有必要还应系统地加以驳斥，但他并不因某物是自祖先那里继承下来的就认为它是好的。他相信前人就像他那个时代那些不那么聪明的人，"因此遵从他们的见解是荒谬的"。他认为成文法也可以修改进步："因为要让城邦结构在一切细节方面都永远正确是不可能的。"

亚里士多德的哲学学派有个传统的名字叫逍遥学派（Peripatetic Philosophy，字面意思为"漫步哲学"），"漫步"一词源于动词 peripateo，这个词在古代和现代希腊语里都是"我去散步"

之意。和自己的老师柏拉图，还有柏拉图的老师苏格拉底一样，亚里士多德也喜爱在认真思考时散步，后来也有很多重要哲学家，包括尼采，坚持认为"唯有从散步中获得的想法才称得上有价值"，但古希腊人会对那独自漫步的哲人的浪漫形象感到迷惑不解，这一形象最早在卢梭的《一个孤独漫步者的遐想》（1778）中被颂扬。他们更喜欢结伴散步，他们把握着前进的步调，矫健的步伐，和着对话的节奏，以促成理智的进步。从亚里士多德对人类思想做出的巨大贡献，以及他写下的卷帙浩繁的著作来看，在其一生六十二年间，必定曾和学生一道踏遍了希腊的千山万水。

在古希腊思想中，理智探索和旅行这一概念之间有着紧密联系，这一联系可以从亚里士多德生活的时代一直追溯到荷马《奥德赛》的开场，漫游让奥德修斯认识了不同的民族并"了解了他们的心灵"。到古典时期，带着某个概念或想法"去散步"有了隐喻：于亚里士多德出生前约二十年，在雅典首次上演的一部喜剧中有这样的桥段，悲剧诗人欧里庇得斯被劝说不要带着一个他无法证实的偏见去散步，而一篇被认为是医师希波克拉底所著的医学文章把思考等同于带着你的心灵去散步以训练它："对人类而言，思想就是灵魂的一场漫步。"

当亚里士多德在《论灵魂》中开启对人类意识之自然本质探索的创举时，他运用了这一隐喻。他说，如果我们想"在无路可走之处找到必要的直接通路以继续前进"，就必须审视从前思想家们的意见：这里"通路"（pathway）一词来源于 poros，意思是桥梁、可涉水的浅滩、峡谷中的道路或者穿越地峡、沙漠、森林的通道。在《物理学》中开始探索自然时，亚里士多德也运用了类似的说法，邀请读者和自己一道寻找通路，不但是通路，而且是大路：研究之路（hodos）应该从我们熟悉的事物开始，向更难于理解的事物过渡。

称呼一个哲学问题的标准用语是 aporia，即"不可通过之地"，而"漫步"之名同亚里士多德的哲学紧密结合的原因有二：其一，亚里士多德的整个理智体系都建立在一种对我们周围的自然世界那些真实可感的方方面面的热情之上。作为一位经验主义自然科学家和心灵哲学家，亚里士多德的作品始终宣告着宇宙的物质性，我们可以通过感官来感知这物质性并确定其实在性。他的生物学作品展示了一个人的形象，他走路时每隔几分钟就停一停，要么捡一枚贝壳，要么辨认一株植物，要么是倾听着夜莺的鸣唱陷入思辨。其二，亚里士多德远不像柏拉图那样轻视人的身体，而是把人视为拥有不可思议天赋的动物，其意识同身体的有机存在密不可分；人的双手是为机械工程而生的奇迹，本能的身体快乐则是过有德性且幸福的生活的正确指引。当我们阅读亚里士多德时，就能感觉到他用娴熟的双手在纸上写下的哲思来自他活跃的大脑，这是他训练有素、十分喜爱的身体的一部分。

但是"漫步"一词还有一个关联。《马太福音》的希腊语文本中说，法利赛人问拿撒勒的耶稣，为何他的门徒不遵循犹太人关于宗教洗礼的严格戒律去生活，他们用的动词"生活"就是"peripateo"，这个表示漫步的希腊语事实上也可以在隐喻的意义上表示"根据一套特定的伦理原则生活"。但亚里士多德的漫步门徒并没有选择宗教的道路，而是同老师一道踏上前往幸福的哲学大路。

我一直十分喜爱散步，如今，我大部分最有益的思考都是在沿着剑桥郡那些泥泞的小路散步时做出的。那时，十三岁的我作为一个英国国教牧师的女儿，同宗教分道扬镳。对于我急遽消失的信仰而言，最为困难的无异于教会坚信一个好基督徒必须笃信超自然的存在，敬拜无法通过感官确知、不可见也不可闻的实在。我再也难以同我曾经称作上帝的那个"看不见的朋友"建立任何联系。作为一个小孩子，我毫不怀疑自己只要做个好人就能上天堂，而现在我感觉自己如同英格玛·伯格曼的电影《第七封印》（1957）中的安东尼·布洛克，一个14世纪大瘟疫中的宗教怀疑主义者，绝望地寻找生命的意义："如果一个人认为生命尽头是遗忘，那么他就无法在死亡近在眼前时继续生活下去。"或许并非巧合，伯格曼也是一个新教牧师的孩子。我不再相信在宇宙"之外"有什么人或什么东西主宰着我的生活，或因我的善举与恶行而给我赏罚，我不知道用什么去填充"他"的空位。但我仍渴望做个好人、过一种有意义的生活、合乎理想地在死后去一个比生前所在更好的地方。

在十五六岁时，我曾短暂接触过天文学、佛教和超觉冥想，以及在那之后更为短暂地接触过神秘方法，包括精神药品和灵修，也阅读戴尔·卡耐基的经典作品《人性的优点》[1]（1948）以及其他指导人生的"心灵鸡汤"，但最后还是没能找到一种可操作的、既有趣又从根本上是乐观的道德体系。在读大学时，我发现了亚里士多德，是他为我提供了答案。他用科学解释物质世界，用人的标准而非由外部神圣之物所强加的标准来解释道德世界。

亚里士多德或许是第一个坚称没有任何一种哲学或科学作品的形式可以是纯理论的哲学家。我们的观念、自我理解和对周围世界的解释是同我们在物质世界中的切身经验结合为一体的。亚里士多德一共在希腊地区八个不同的地方（见本书开头的地图）生活过，2016年4月，为了更好地理解他的体验，我寻访了这些地方。跟随着亚里士多德的脚步，我想感受他背后的那个真实世界和他实际走过的道路，正是在这条路上，他发展了自己的哲

---

1　该书原名为《如何停止忧虑、开创人生》（*How to stop worrying and starting living*），国内出版社引进时改名为《人性的优点》。

学思想来回应生活抛给他的挑战和机遇。[1]

忒密斯提乌斯是最伟大的古代亚里士多德评注者之一，他曾说，亚里士多德比其他哲学家"对大众更为有用"，现在依旧如此。哲学家罗伯特·J.安德森于 1986 年写道："再没有哪位古代哲人能比亚里士多德更为直接地与当代生活中的关切和焦虑对话，也不清楚是不是有哪位现代思想家为生活在这个充满不确定性时代的人们贡献如此多的智慧。"[2] 亚里士多德对哲学的实践之道能让你的生活变得更好。

---

1　参见短片 https://www.youtube.com/watch?v=-moYjtCmV8Q。——作者注
2　Robert J. Anderson, "Purpose and happiness in Aristotle: An Introduction", 载 于 R. Thomas Simone 和 Richard I. Sugarman 编辑的 *Reclaiming the Humanities: The Roots of Self-Knowledge in the Greek and Biblical Worlds* (Lanham & London: University Press of America), pp. 113–130。——作者注

1

幸　福

在《优台谟伦理学》开篇，亚里士多德引用了镌刻于神圣之岛德洛斯的某块古代石碑上的一句箴言。它宣称人生中最为善好的三件事乃是"正义、健康和实现欲求"。亚里士多德强烈反对这一观点。他认为人类生活的终极目标，简而言之，就是幸福，这意味着寻求目标以实现你的潜能，并且调整你的行为以成为最好的自己。你是自己的道德主体，但又在和他人彼此关联的世界里行动，在这里，你同他人之间的合作关系尤为重要。

亚里士多德的老师是柏拉图，后者是苏格拉底的弟子，而苏格拉底曾说过著名宣言："未经审视的生活是不值得过的。"亚里士多德认为这种观念多少有些严苛，他知道很多人 —— 也许是大部分人 —— 直觉地并且通常未加反思地活着，可以说是依照"自动导航"而活，但却享有很大的幸福。亚里士多德更愿意把着眼点放在实践活动和未来上，与苏格拉底不同，他的座右铭似乎可以写成"**未经筹划**的生活不太可能是全然幸福的"。

亚里士多德的伦理学让个人负责。如亚伯拉罕·林肯所见："对多数人而言，他们下定决心要有多幸福，他们就能有多幸福。"亚里士多德的伦理学将你看作独立的舵手并将你放在完整的控制台前，而不是让你依靠"自动导航"。其他的伦理体系对你个人的道德作用或你对他人的责任的问题关注甚少，而亚里士多德的伦理学同近代早期哲学家伯纳德·曼德维尔（1670—1733）倡导的伦理利己主义只有共同的起点，即道德主体，除此之外并无其他相似处。伦理利己主义建议个体有意识地行动以使自我利益最大化。想象一下，你准备为十位邻居办一场茶会，并且知道邻居中有两个素食者，但素食三明治比火腿三明治要贵上三倍，如果你买了两人份的素食三明治，那么留给其余人的食物就会减少。利己主义者会无视其他所有人的需求，只根据自己的饮食习惯决定是否满足素食者们。如果他不是素食者，那么他当然不愿意由于任何人不同的偏好而导致自己的汉堡三明治减少。反之，如果他**也是**素食者，那么他不会在乎另外八个肉食者所遭受的损失，而只想确保自己有足够的素食吃，还会再给自己点一份额外的。

功利主义者力图最大化最大多数人的幸福，因此关注行动的**后果**：对功利主义者而言，八个开心的肉食者的结果压倒性地胜过两个不愉快的素食者所带来的问题。然而当少数人的数量很多时，功利主义常常陷入困境：例如当一个茶会中有四个不开心的素食者及六个开心的肉食者时，这个茶会显然就变得不那么令人愉快了。伊曼纽尔·康德的拥趸们强调责任与义务，他们会问，关于茶会上可用的不同种类的三明治比例是否应当有某种普遍的、固定的法则。文化相对主义者则坚持认为普遍的道德法则是不存在的。他们声称，每个人都隶属于一个或若干个群体，而这些群体都有自己内部的法律与习俗。在这颗星球上，很多文化群体和共同体完全不吃猪肉制品，还有些人不能理解素食主义者甚至茶会。

相反，亚里士多德会知道，有关三明治的决定不能抽象地在真空中做出。他会留出时间来思考其中的问题并且做出计划，他会回顾这些招待方案以便看清自己的**意图**。如果是为了让十个客人全部都能宾至如归、大快朵颐（因为这会使得整个共同体更友好并且更适宜于每个人居住，也有助于个人和集体的幸福），那么他的选择就必须让这种意图得以实现的可能性最大化，即使冒犯了一小部分客人也会让整件事变得毫无意义。亚里士多德接下来会询问利益相关者，包括被邀请的客人及茶会饮食提供者，以便摸清他们可能的反应。他还会想到他以前举办过或者参加过的那些茶会，回顾前例，通过审视茶会史他很有可能发现解决整个问题的方法，比如提供每个人都喜欢的且不含牛奶的蛋糕，而不是会让客人们陷入分歧的三明治。他还会确保他本人也喜欢当时所选的蛋糕，因为不必要的苦行在他尊重自我与他人的哲学中是没有位置的。

亚里士多德的伦理学在应用于日常生活时是用途广泛、灵活且实用的。心理学家索尼娅·柳博米尔斯基（Sonja Lyubo-mirsky）在《幸福多了40%》（2007）中概述的大部分增加满足感的现世心理学步骤都和亚里士多德的哲学建议有着惊人的相似，她也的确引用了亚里士多德以示赞同。他的主旨始终同你现在的情境、先见、对**意图**的不懈关注、灵活性、实践常识、个体自治及与他人协商的重要性一道发挥作用。亚里士多德幸福观的基本前提惊人地简单和民主：每个人都可以选择变得幸福。经过一段时间后，正确地行动像习惯那样根深蒂固，因而你自己会感觉良好，并且由此造就的心灵状态就是一种 eudaimonia，这是亚里士多德用于表达"幸福"的词。

这种亚里士多德式的对幸福的追求常常对不可知论者和无神论者很有吸引力，但它事实上也兼容于任何宗教，只要这些宗教强调个体对自身行动的道德责任，并且不认为频繁地引导、回报和惩罚来自任何外部的神圣存在。但是因为亚里士多德本人并不相信神会干预世界或对其有任何兴趣，他对获得幸福的规划是一个自足的体系。一个亚里士多德主义者并不会期待在任何神圣文本里找到有关茶会的规则，但也不会认为如果茶会进行得很糟，他就会被神降下的惩罚所打击。过一种你能掌控且有计划的生活是你选择做些能掌控自己的生活和命运之事。因为这种掌控传统上被归属于神，所以，在某种意义上这会使得**你"宛如神明"**。

然而，eudaimonia 是不容易解释的。前缀 eu（发音接近 you）意思是良好的或善的，音节 daimonia 来自一个有着众多意思的单词——神圣存在、神圣力量、守护精灵、人生中的幸运或运气。所以 eudaimonia 意指福祉或兴盛，当然也包括满足，但是它比"满足"一词更为主动，你"造就"eudaimonia，这需要一种积极的投入。事实上，对亚里士多德来说，幸福是一种实践活动（praxis）。他指出，假如幸福只是一种人们在出生时就具有或者不具有的情感气质，那一辈子都在睡觉，"像一棵蔬菜一样活着"的人也可以拥有幸福了。

亚里士多德对幸福的定义不由任何种类的物质上的富有所构成。在一个世纪之前，另一位亚里士多德所赞赏的希腊北部思想家德谟克利特就曾谈到"灵魂的幸福"，并且坚持认为这种幸福绝不源自拥有家畜和黄金。当亚里士多德使用 eudaimonia 一词时，他同样指的是"灵魂的幸福"，正如有感知能力的人类在意识中所体验到的。亚里士多德认为，生命本身就包括拥有**主动理智**。他坚信大部分人在人生中得到的大部分快乐都来自学习，以及对世界和在世界中产生的惊奇。当然，他也就把获得对世界的理解当作生活的实际目的，这一理解不仅是学术知识，也是从任何方面的经验中得到的理解。

如果你相信人生的目的在于幸福最大化，那么你就是一个正在萌芽的亚里士多德主义者。如果人生的目的就是幸福，那么获得它的方法就是努力思考如何**活得好**[1]，或者用可能的最好方式活着。这要求一种自觉的习惯，而亚里士多德并不觉得其他动物也能具有这样的能力。看似简单的副词"好"在实践层面上可以意指"有能力地"，在友善的层面上也可意指"道德地"，并且根据享有幸福和愉悦环境的层面又可意指"幸运地"和"拥有幸运"。

1776 年 7 月 4 日，新成立的美国国会批准了由托马斯·杰斐逊起草的《独立宣言》，其振聋发聩的第一句话是这样的："我们认为下述真理是不言而喻的，人生而平等，造物主赋予他们若干不可剥夺的权利，其中包括生存权、自由权和追求幸福的权利。"众所周知古罗马共和国是美国国父们所追寻的建国摹本，但是使用"追求幸福"这个短语说明杰斐逊也浸淫于亚里士多德的哲学之中。在四年后，1780 年《马萨诸塞州宪法》延续了上

---

1 "活得好"（to Live Well）是作者的一个重要概念。"well"是形容词"good"（善、好）的副词，用于修饰动词"to live"。这个短语的字面意思为"生活得好"，但实际内涵则是将人生作为一个动态过程，强调每一个选择、每一件小事都要符合道德原则，而不只是突出结果的好或完满。

述条文：政府的成立是为了共同的善，"为了人民的护卫、安全、繁荣和幸福"。

亚里士多德相信，我们教育未来公民的方式对他们是否能实现其作为个体及在共同体之中的潜能是至关重要的。当1787年的《西北法令》宣称学校对于"好的政府及人类幸福"来说是必要的时，这听上去不能更亚里士多德主义了。世界上每一个在宽泛意义上赞成这些美国独立前夕曾被信仰的原则的人，不论他是否真的知道这些原则，他都是一个认同人类幸福事业的亚里士多德主义者。

亚里士多德最有名的论述，有名到教皇方济各和唐纳德·特朗普曾于2016年2月在一次交锋中（不准确地）引用了它：人是"政治的动物"（zoon politikon）。亚里士多德的意思是，人同其他动物区别开来是因为他们天生倾向于群聚，在大的共同体比如城邦（polis）或曰城市-国家中生活。亚里士多德往往通过做出一系列区分来获得定义，在《尼各马可伦理学》中，他关键性地问到：人类独有的特征是什么？和动植物一样，人类也分有了基本的生命活动，获取营养并且生长。如果其他动物和植物也一样活着、获取营养并且生长，那么这些行为就不是人性独有的。动物和人一样也有感觉，它们能通过感觉来感受周围世界和其他生物，因此感觉生活对人来说也不是独有的、决定性的特征。然而其他生物都不具备的是"作为有理性之存在者主动生活"。人从事种种活动，并且能够在事前、事中和事后都思考这些行动，这就是人的"存在的意义"（raison d'être）。作为一个人类，如果你不能运用你的理性能力实现行动的能力，那么你就不能实现你的潜能。

为了活得好而运用你的理性，是指培育德性、远离恶行。做个好人**会**让你更幸福。弗兰克·卡普拉那让人愉快的幻想《生活多美好》（1946）之所以始终是最受欢迎的圣诞电影，就是因为它传达的信息符合大多数人所共同享有的慷慨、有合作精神的价值观。由詹姆斯·斯图尔特扮演的乔治·贝利是个麻烦缠身又博爱的商人，遭受着一个贪婪资本家的压迫，于是计划在平安夜自杀。一位叫克莱伦斯的守护天使从天而降，用倒叙的方式向乔治展示了他过去曾无私帮助他人的画面：他是一位无私的家庭成员并且为那些买房的穷人提供贷款。克莱伦斯让乔治看到倘若他从不曾存在，那么这个世界将会是怎样的。他的家人将失去他，穷人们将住在贫民窟里。最终天使说服了乔治放弃自杀念头，而乔治也意识到通过努力帮助他人，他所创造的"美好生活"把他同其他人联结起来。这部电影也是亚里士多德主义的，因为它把人生呈现为一次筹划、一道持续的轨迹，而我们自己的选择决定了它能够有多么美好。不论以今天的眼光看来这部电影有多俗气，它都真正引起了我们的情感共鸣。

由比利时制片人让·皮埃尔·达内和吕克·达内执导的《一诺千金》（1996），讲述了一个即将成年的，即将成为完全道德主体的少年是如何领略由善而生的满足感的，电影并未诉诸伤感情绪。一开始，伊戈尔只有十五岁，是个机械工学徒，但他面临着极端的伦理挑战并通过摆脱他那不法的父亲成功地建立了道德独立性。剧情中涉及一桩非法移民意外死亡的事件，而伊戈尔的父亲坚持要儿子帮自己隐瞒。面对父亲的冷漠、自己的负罪感、社会的脆弱性和对法律的恐惧，伊戈尔通过帮助失去亲人的劳工一家在道德上变得成熟起来并且获得了宁静感。

亚里士多德关于幸福的教导和其他哲学学派比如利己主义、功利主义和康德主义的根本差异之一在于他强调幸福和德性行为之间的关联。在《政治学》中，亚里士多德描绘了要获得幸福却又不用努力做一个好人是何其困难，他用夸张的手法展示了一个恶行累累并因而十分悲惨的人的形象：

　　任何人都不会说，一个没有分毫勇敢、自制、正直和理智的人是最幸福的，他会惧怕苍蝇从眼前飞过，为满足吃喝的欲望而不能避免行最粗暴之事，为了蝇头小利就毁掉自己最亲近的朋友，而且在理智方面如同婴儿或疯子一样无知无觉、精神错乱。

1789年，乔治·华盛顿在其首次就职演说中用不同的方式表述了同一种德性和幸福之间的关联，他对纽约的听众们说："德性与幸福牢不可破地结合在一起。"

选择以活得好的方式来追求幸福，意味着实践"德性伦理"，或者用更简单的说法："做正确之事"。亚里士多德的诸德性同样被翻译成了一些大而空洞的名词，例如"正义"，实际上它的意思仅仅是公正得体地对待他人。正因为德性伦理为那些希望过一种满足、得体又有意义的生活的人提供了一种审慎的行为方式，它一直吸引着人道主义者、不可知论者、无神论者和怀疑论者。德性伦理能帮你做出选择，获得德性，处理有关生命与死亡的"大问题"，让你相信自己的判断，并且培养你照看自己、朋友和其他依赖你的人的能力。但由于缺少对希腊语的地道翻译，亚里士多德通过选择"做正确之事"来追求幸福这一具体可感并且行之有效的方案并未获得公众的普遍理解。亚里士多德写到，如果人们明白个人幸福取决于他们自身的行为，那么幸福将会变得"更为普遍，因为让更多的人共同享有幸福变得可能"。他甚至还说，在理想情况下，"所有人都被视为同意接下来的观点"，即使不是如此，他们也会同意至少一部分包含德性伦理的规划，"因为**每个人**都能做些什么"。

亚里士多德是最早撰写关于"我应当如何行动？"著作的人。曾经没有人把这个问题和其他问题比如宗教、政治等分开来单独加以思考，甚至连柏拉图也没有。亚里士多德有两本关于伦理学的著作：《尼各马可伦理学》可能是他为自己的儿子小尼各马可写的，而《优台谟伦理学》则以他的朋友优台谟命名，后者也许编辑了这本书的手稿。亚里士多德似乎并不知道也没有采用这些题目，尽管在《政治学》中他确实提到了自己早先关于"性格"的著作 *Ethika*（古希腊语中的"性格"一词是 ethos）。《优台谟伦理学》的写作时间可能早于《尼各马可伦理学》，后来又根据《尼各马可伦理学》进行了部分的修订。这两部伟大的著作遵循相似的基本结构：都在一开始处理有关 eudaimonia 的基本问题，接着过渡到一般意义上的德性（arete）的自然和具体的德性（aretai），后者是那些想要活得好、不断进步、生活幸福的人类动物需要在自身内部培育的。两部作品还涉及了友谊和快乐，也（简要）提及了人同神圣存在之间的关系。还有一本体量稍小的书，包含了对亚里士多德观念的解释，但也许是由他的某个追随者写成，其标题让人感到有些困惑：《大伦理学》（*Magna Moralia*）。

亚里士多德的伦理学作品几乎不提供不可更改的准则和普

遍的指导，也没有严格的公式或"道德准则"。其意图是一以贯之的，那就是要改善我们的生活，为我们带来福祉，但是每个选择的伦理维度都是不同的，并且需要不同的分析及相应的行动：你的两个员工也许都从抽屉中拿了钱，但其中一个也许是为了抚养她的孩子们，而且每个月底还会把钱还上，而另一个也许只是为了缓解自己的毒瘾。亚里士多德认为普遍原则很重要，然而如果不考虑具体情境，那么普遍原则往往会误导人。这也就是为何一些亚里士多德主义者自称"道德特殊论者"：每个情况和困境都需要详尽地分析其特殊本质。在伦理学中，邪恶确实可以隐藏在细节里。

亚里士多德知道有些人不能或者还没准备好过这样一种灵活但又恪守准则的生活。这些人也许只是不成熟，他谨慎地指出，成熟并不关乎生物学上的年龄，因为也有些年轻人在情感上极为成熟，相反有些年长者却从未在心理上和道德上成熟起来。但亚里士多德同时认为，过分压抑情感的人也不能以一种有效地追求好的目标的方式生活。就这点而言他听起来十分现代及弗洛伊德主义[1]。毫不考虑情感反应和自然倾向的个人与那些不运用其道德推理能力的个人一样无法实现善的目标。在《尼各马可伦理学》

---

1　西格蒙德·弗洛伊德（Sigmund Freud，1856—1939）：奥地利精神分析学家、哲学家、心理学家，精神分析的创始人，其研究往往指向人的无意识中对自我欲望的压抑倾向。

中，亚里士多德说，理性和情感之间的关系并非处于两个极端，而是"就像一个曲面的凹面和凸面一样"。

亚里士多德还指出，很多人错把一些好的事物，比如快乐、财富或者名誉当作他实际上讨论的那种有益的事物。把上述几种好东西当作目标的问题在于，它们可能彻底是受机运影响的，然而厄运却不会损害那些更有益于社会的目标。如果你的目标是财富，但你却一直穷困或者由于什么坏运气而突然失去钱财，那么你就永远不会得到 eudaimonia 所意指的幸福。

不过也并非所有人都适合过一种自觉的伦理生活。亚里士多德把有目标的人分为三类。第一类人只对来自身体快乐的"好"感兴趣：他把这些人比作奶牛，并且表示不幸的是许多杰出人物的唯一目的就是肉体快乐。他以神话中的亚述国王萨尔丹纳帕勒斯为例，此公的座右铭乃是"去吃喝玩乐，因为无他事值得哪怕举手之劳"。亚里士多德的确认为身体上的快乐是重要的，并且这种快乐对所有动物而言都是朝向善的指引。但对人类动物来说，它是好的事物则在于它是引导人朝向幸福的工具，而非自身就构成幸福。第二类是将生命献给了公共或政治领域的行动者。他们的目的乃是名声或荣誉，也就是被他人认可。而这类目标的问题在于他们是**渴望得到认可**的热心者而不是**实际上做一个好人**的热心者。对他们来说，至关重要的是荣誉，而不是荣誉的理由。而第三类是想要了解这个世界、使心灵得到满足的人。这个目标很难被那些不在你自己掌控范围内的因素，例如运气妨碍。它不要求他人对你的认可或称赞。这是你可以自己做的并与自足性内在关联的事物。

理解亚里士多德有关活得好、幸福生活的观念，一个关键的要素是自足或者自主（autarkeia）。这个术语常见于经济学语境，一个自足的人可以是一个财政独立、无须他人经济援助的人，而这又反过来使他在道德意义上也获得了独立，他不必迎合他人的兴致或听命于人。这对亚里士多德而言也有更为重要的意义：活得好要求人作为独立的道德主体行动，不要让你深思熟虑的行动抉择受到你对他人义务的制约。要自由地做好人并且追求幸福，足够的经济收入是一项重要因素，但这也为那些想要活得好，以及乐于在自身中找到必要性格源泉的人赋予了一定的责任。在《尼各马可伦理学》行将结束时，亚里士多德说，最为自足的生活是纯粹哲学沉思的生活，因为这种生活不需要他人。但即使在这亚里士多德也说，一个纯粹的哲学家，尽管可以独自进行哲学沉思，但"如果他能与同伴分享这种沉思，那么也许他会做得更好"。假若你打算通过在交易中实践公正来变得幸福，那你就需要得到公正对待的他人。

这种折中使得亚里士多德的思想鲜明地区别于其他提倡独居

的古代哲学学派，例如从一切世俗关系和事务中退隐的宗教隐修者。对亚里士多德来说，甚至自足者的生活也会因拥有朋友而得到提升。他直白地反对那些哲学家，他们主张活得好的人并不需要朋友。朋友对你的"外部"生活是有益的，所以幸福的人到底为什么会不想要朋友呢？如果情况允许的话，他也许也能无需朋友自己处理，但这为何会成为他的偏好呢？

所以在通往幸福之路上，你依然可以有朋友。还有更好的新东西：为了成为可能的最好的你，你甚至不需要在活得好及实践德性上是"自然有天赋的"。亚里士多德在《尼各马可伦理学》的第三卷中**反对**那些认为人生来就有善恶之分的人，在道德生涯的任何时刻，你都可以为自身的幸福负责并且选择活得好。而且在《尼各马可伦理学》第九卷中，亚里士多德坚持说想要活得好并且公正对待他人的人必须倾尽全力去爱**他们自己**。那些在严格宗教氛围的家庭中长大的人总是被告诫说他们是犯下了僭越之罪的人，需要祈求上帝的宽恕。他们会发现亚里士多德的这条教导令人耳目一新。

亚里士多德认为幸福同自我厌恶是不相容的，这远远早于弗洛伊德，后者的精神分析鼓励人们把自己的原始冲动当作自然的而不是在道德上可鄙的，更早于俄亥俄州的精神治疗师休·米瑟尔丁，米瑟尔丁在《探索你内心的往日幼童》（*Your Inner child of the Past*, 1963）一书中要我们所有人都拥抱我们内心深处的孩子。不能尊重自己、不相信自身基本准则的人甚至连**自己**也不喜欢，遑论他人。极端堕落者和犯罪之人厌恶自己也厌恶他人。他关于自我厌恶的分析鞭辟入里。和大多数宗教和其他伦理学体系不同，亚里士多德的伦理学对不道德的人是不评判的，这很令人诧异，因为他知道这些不道德的人从根本上是悲惨可怜的。不道德之人总是**矛盾的**。他们做能让他们感到快乐的事，但也在一定程度上知道，因快乐自身之故而追求快乐对获得幸福没有助益。同样矛盾的还有那些知道什么是行正确之事，却"因胆怯和懒惰"而不能去实行的人。

在四十多岁的时候，亚里士多德同暴虐的马其顿皇室过从甚密，在残暴无情的腓力二世同他诡计多端的王后和嫔妃们，还有那些为在宫廷中谋得一席之地而无所不用其极的军官们身边，他似乎细致观察了这些不道德之人悲惨可怜的处境。他知道犯连环罪行的人最终只会自杀，也目睹了坏人"时常寻求与他人为伍，却避开独处，因为独处会让他们想起过去许多不愉快的事，并且预知到未来还会有类似的事情发生，而与他人在一起，他们就能忘掉这一切"。这些可怜的堕落之人，他们无法独处，甚至不能尽情体验"他们自己的喜悦和悲伤，因为他们的灵魂正发生一场内战"。他们感到自己的身体仿佛被撕裂：他们尽情放纵自己的欲望片刻，但"随后便后悔不迭，希望他们从未拥有过这些嗜好，因为坏人总是在改变心意"。列夫·托尔斯泰精通古希腊文学和哲学，当他在《安娜·卡列尼娜》（1877）的开篇说："幸福的家庭都是相似的，不幸的家庭各有各的不幸"时，听起来仿佛他也阅读过亚里士多德。因为亚里士多德断言："善是简单的，而恶却形式众多；类似地，好人也总是相似的并且在品质上不会改变，而坏人和愚人却甚至在早晨和晚上都不一样。"关于堕落无德的人由于自己前后不一的行径所导致的各种精神上的悲惨境遇，没有人比亚里士多德分析得更精彩了。

亚里士多德出生于斯塔吉拉一个富裕且似乎很友爱的家庭，斯塔吉拉是个自由、自治的城邦，坐落于海边一处风景优美之地，背靠森林与群山。我想，亚里士多德认为幸福是在繁荣共同体中持续的德性活动的这一观点从根本上说是由他的童年记忆形成的。亚里士多德晚年仍保持着对他度过了童年的这座城市的忠诚：公元前384年，马其顿的腓力征服了它并摧毁了一些建筑，还将所有幸存的居民贬为奴隶，但当亚里士多德请求他重建城市并恢复其居民的自由时，腓力起了怜悯心。小城中心至今仍有一些大理石柱廊的遗迹，还有一条嵌入式长凳，在那里，自由、自治的斯塔吉拉公民们，包括亚里士多德的父亲，曾一起集会、公开辩论。

我同意亚里士多德的观点，那就是那些孩子们可能拥有快乐童年记忆，但他们也不能在完全意义上是幸福的，因为他们的人生刚刚开始，还在因为追求瞬间的满足而摇摆不定，所以他们根本不可能有什么长远的思考。这也让我非常同情年轻人，同中老年人相比，他们不光在经济上和感情上是不稳定的，而且未来可能遇到的突发重大不幸也远多于后者。唯一能建议他们的是，诚实面对自己。他们的心灵状态不会总是易于完全变化或毁灭，就像"一条变色龙，或者一栋建在沙滩上的房子"，正如亚里士多德比喻的那样。

对确保幸福而言，最大的威胁是极端的不幸。在《优台谟伦理学》中，亚里士多德花了很大篇幅来阐明作为道德主体的你的内在自我，即你选择自己的行为、掌控自己命运的能力同那些你可能遭遇的，完全不在自己掌控范围之内的不幸之间的关联。亚里士多德最喜欢举的一个例子是遭受史诗般不幸的普利阿摩司：普利阿摩斯作为繁荣而幸福的特洛伊王国的国王，育有五十个孩子，然而在入侵的希腊联军面前，他失去了自己的王国和所有儿子，他本人也耻辱地死在了自己城邦的祭坛上，而他没有做**任何应承受如此报应的事**。我自己想到的例子是索娜莉·德拉尼亚加拉（Sonali Deraniyagala），她曾是伦敦大学的一位经济学讲师，在 2004 年的印度洋海啸中，她失去了仅有的两个孩子、双亲及丈夫，在那之后她经历了无法言喻的悲痛。她没有宗教信仰，她说，唯有通过严格实行有筹划地回忆（就像我们将在第10章中看到的，这是一种非常亚里士多德式的技术），另辅以心理上的特别努力，她才得以活着，并最终找回了她过去的部分"自我"。在她优美的回忆录《巨浪》（2013）中，她记录了这些全部经历，是震撼人心的。就像亚里士多德所说，由命运所引发的微小改变"显然不会改变整个生命进程"，而另一方面，"命运巨大且频繁地反转会引发痛苦，并给很多行动增加障碍，因此能冲击并摧毁我们的福祉"。

尽管如此，索娜莉·德拉尼亚加拉仍然活了下来，她去拜访朋友、重新回到工作中，也偶尔露出笑容。亚里士多德会评论说，即使经历了显然无法忍受的灾难，尝试活得好仍旧**是**可能的："即使在逆境中，当一个人以耐心忍受重复不断的巨大不幸时，善也依旧闪光；这并不因为他们冷漠，而是因为他们灵魂的慷慨和伟大。"在这个意义上，不惜一切代价地追求幸福这一亚里士多德式的命令是一种非常乐观的道德体系。

一则古老的希腊谚语说，在死亡到来之前，没人能称得上是幸福的。这是雅典政治家、希腊"七贤"[1]之一的梭伦十分喜爱的

---

1 "七贤"是古希腊七位著名人物，现在能确定的是雅典的政治家、立法者梭伦及哲人泰勒斯，其他五位尚无定论。

说法。他曾拜访极为富有的吕底亚国王克洛伊索斯，后者要梭伦承认，他克洛伊索斯是世界上最幸福之人。让他十分恼火的是，梭伦选择了一个名叫特勒斯的普通雅典人，他十分长寿，在孙子们的环绕下颐养天年，并且最终死于为他所爱的城邦而战。梭伦要说的是，不幸在任何时刻都可能到来，因此唯有在死后，才能评价一个人的总体幸福。而梭伦的回答惊人地有预见性：很快，克洛伊索斯的儿子就在一次事故中被杀，他的妻子自杀了，王国也被波斯人夺走。亚里士多德引用了梭伦的训诫且同意它，因为这一训诫要求你对自己的未来及你会如何应对未来的挑战有所思考。

梭伦的建议"展望结局"在任何时候都有效。无论你是刚刚开始规划人生的青少年，是人到中年已经精疲力竭的职场人士，还是想要好好利用余生的养老金领取者，这都不重要。我们都不希望直到临死仍因罪责忧心不已，或者因仍有未敢尝试之事而意气难平。一位名叫布朗尼·维尔的临终关怀[1]护士曾经在很多人生命的最后几周里陪伴他们，她于 2012 年出版了一部作品，讲述这些将死之人对她表达的最为常见的遗憾。[2]这记警钟不可思

---

1　针对一些身患绝症、医治已经无效的患者，并不一味使用治疗手段延长其物理生命，而是注重为其减轻身体和精神上的痛苦。

2　Bronnie Ware, *The Top Five Regrets of the Dying: A Life Transformed by the Dearly Departing* (London: Hay House, 2012).——作者注

议地同亚里士多德告诫我们应在创造幸福的人生路上予以避免之事相吻合。人们说"我希望我曾过得更幸福些",因此也就承认了他们不知何故错过了变得自足并且**选择**自己幸福的机会。他们希望他们曾多花些时间在友爱上（这是亚里士多德最重要的原则之一），但是最常被提起的遗憾还是"我希望我曾经有勇气过一种忠实于我自己，而不是别人希望我过的生活"。

2

潜能

"诚实面对自己"实际上是什么意思？对亚里士多德而言，那就是实现你的潜能，所以开始"诚实面对自己"是永不嫌迟的。英语中的"实现"（to realise）有两层含义，一是"意识到"，二是"使……成为现实"，而亚里士多德的观点涵盖了这两层含义。

　　亚里士多德成年后时时面对着各种问题和挫折，直到五十岁之前，他甚至都无法全身心地投入哲学的写作和教授当中，也就是实现他自己独有的潜能。但是他一定已经意识到，从出生到三十五岁左右的这段时间，他始终受到理智上的激励。作为医生，亚里士多德的父亲老尼各马可能向他介绍当时希腊人已知的最为先进的科学观念和方法。在古代世界，医学是一门传承的职业，因此亚里士多德可以追随父亲的足迹。他毕生都认为，医学同哲学是紧密联系的。人之潜能的概念很可能也是老尼各马可和他的小儿子一起讨论过的主题，在他们漫步于从斯塔吉拉绵延向哈尔基迪基内陆的葱郁山丘间，采集着草药的时候。也许这个主题源于父子之间一次类似"你长大了想干什么"的这类对话。

祖辈们也把家族的声望留给亚里士多德传承。老尼各马可是家中一代又一代医生中的一个，他们声称自己是玛卡翁的后裔，玛卡翁是特洛伊战争中希腊联军一方的传奇医者，是医神阿斯克勒庇俄斯的儿子，而阿斯克勒庇俄斯又是从最初的半人马医师喀戎那里继承了特殊的草药。亚里士多德的父亲还写了六本有关医术的书，以及一本有关自然哲学的书，他为自己聪慧的儿子做了榜样。

亚里士多德极高的天赋显然从他小时候起就被抚养他的大人们注意到了，他也因此得以继续发展和培养这些天赋。在这样的条件下，他的潜能才能够实现，成为他那一代，乃至一些人所说的整个世界历史上最为杰出的哲学家和科学家。那个时候，包括现在都十分常见的是，很多人的潜能被浪费了。而创造幸福首先就意味着过一种我们可以行所擅长、所享受之事的生活。

在亚里士多德的哲学和科学著作中都使用的大多数关键概念中，最鼓舞人心的就是潜能。根据亚里士多德所言，宇宙中的所有对象都有其存在的目的，即使是没有生命的对象，比如一张桌子，也有自己的目的：让人坐在旁边或者放东西的某处。但是有生命的事物具有另一种潜能，叫作dynamis，其会发展成任何事物成熟时的样子。一粒种子或一颗橡果有长成一棵植物或一棵树的潜能，一个鸡蛋如果发育得当，就有长成一只公鸡或母鸡的能力。这种有关动物（也包括人这种动物）能力的观点不可思议地预见了我们现代的基因编码和DNA的概念，并且其本身也被现代生物学家和基因科学家认可了：一种动物之所以长角，是由于形式同质料的相互作用，这种相互作用总是在它们之中程式化为长角的内在潜能，其独特的用途，或目的（telos），就是供动物自我防卫。

对亚里士多德而言，潜能的观念与他最著名的学说之一相关：所有事物都有四种基本的原因。例如一座雕像有：（1）质料因（制成雕像的石头）；（2）动力因（雕刻雕像的人）；（3）形式因（由雕刻家所实现的雕像的精确设计和形状）；（4）目的因，即雕像存在的理由和目的（被安置在神庙中接受供奉）。于人类而言，潜能同目的因联系最紧密，因为它能够解释你存在的理由和目的。一个人的（1）质料因是有机质料，血液、肌肉、骨骼，你由这些所造。（2）动力因是生下你的父母。（3）形式因是决定你的基因组成、外貌和体质的DNA。而唯一为你所掌控的就是你的（4）目的因，也即你作为存在的理由和目的。倘若人们普遍致力于在亚里士多德的意义上完全实现人的潜能，那么或许人类今日面临的很多问题都将迎刃而解。

亚里士多德用于描述"潜能的"和"潜能"的词是dynamis，英语的"dynamic"[1]就是从这个词中派生出来的。阿尔弗雷德·诺贝尔原本把他革命性的新爆炸物命名为"诺氏爆炸粉"，但当他将其改名为炸药（dynamite）时，他想到的是古希腊语名词dynamis。这个词不幸就此同由爆炸引发的突如其来的破坏，而非长期的、富有意义的自我发展联系在了一起。在早期希腊诗歌中，dynamis一词意味着力量或做某事的能力。医生和科学家们也早就使用这一词汇解释运动和变化。但直到亚里士多德那里，对dynamis就人而言及就他们生活经验而言的系统讨论才出现。

　　在《形而上学》第九卷中，亚里士多德解释了他所谓的潜能。一个人可以有呼吸、成长和行走的潜能，植物、动物和人可以在无意识间实现这种潜能。但是还有一种特殊的、更卓越的潜能，亚里士多德称之为"理性潜能"。只有人拥有这种潜能。如果没有有意识的思考，这种潜能就无法实现。一个好医生生来就具有学习医术知识的理智潜能。一旦加以训练，他便有了治愈病人的潜能。但是他也可以选择不去治愈病人，甚或伤害他们，而不是让他们好转起来。唯有当理性活动思考被有意运用于治疗病

---

1　该词具备名词和形容词两重词性，意为"动力"或"充满活力的"。

人的目标时，医生才能实现治疗的潜能。医生需要**选择**帮助病人恢复健康，还要谨慎考虑何种治疗最可能实现这个目的。做一个好医生要求以下四点：潜能、训练、意图和理性推理，而做一个好且幸福的人也一样。

即使无生命物也常常要求元素的结合以达到自己的目的，不同的活动对其都有所助益。亚里士多德以修筑一座神庙为例，要实现修筑一座建造完备、装饰齐全的建筑的恰当目的，就要打好地基、备好砖石并将它们砌在一起，石柱上要雕刻凹槽和装饰物，哪个步骤都不能单独完成一座完整的神庙。而整个建筑实际的组装更为重要，在地基之上使用砖石、刻有凹槽的石柱和装饰物。只有当所有这些分散的步骤都完成后，神庙才能完全建造出来。

与此类似，人需要经历孕育、诞生和哺育，需要被保护、庇荫和拥抱，需要有人激励及教育他。他要想实现自己的全部可能性，就要知道有何天赋，以及什么能够使他幸福（亚里士多德认为这二者是一回事），并且通过特殊的训练使这些得以实现。海伦·凯勒作为残障人士的典范成就了自己非凡的潜能，她认为自己找到了真正的幸福之源："幸福并不来自自我满足，而来自始终如一追求有价值的目标。"但是假如她的父母、医生，尤其是她的导师安·苏利文，并没有尽力帮助她，那么失聪和失明就不可能让她的理智、激情和能量得到发掘和支持。另一方面，如果没有潜能，即使有大量学习、意图或理性思考，也无法取得成功。因此，最重要的是发现个体**潜在地**所擅长之事。可悲的是，一种需要理性去察觉的潜能从未实现是再平常不过的了。

在《论动物生成》中，亚里士多德尝试解释动物从中创生的原始质料是如何获得形式的。他错误地认为质料是在母亲体内的女性的经血，而潜在的形式则是由男性的精液赋予的。他并不清楚在基因的遗传方面，男人和女人扮演着数量平等的角色。但这并非重点。亚里士多德意识到一切有生命物都**处在不断的流变和发展过程之中**，他看到一些变化需要数月乃至数年时间，而一旦受孕，这些变化就是不可避免的。他认识到了形式或"编码"的**延迟效应**，而在受孕之初，这一形式或编码就被赋予了被孕育之物。亚里士多德还相信，在人这种动物之中，一个男人从被孕育到生理上完全成熟的时间是至少三十年；而在理智方面，他认为直至这个男人到四十九岁（令人惊讶的精确度），获得了丰富经验，学习了各种知识后才能实现其完全的潜能。

亚里士多德在从伦理学、物理学、形而上学到心理学和认知科学的一系列著作中都使用了一对观念，即潜能和现实或潜能在实践中的实现（亚里士多德使用的术语是 energeia）。潜能在你自己的具体情况中，指一组自然性质及自然赋予你的天赋和资质。如果你是个成熟的成年人，那么只有你才能根据自己的欲望和经验来评定这些实际上是什么，或许是在同真诚的朋友和能给你建议之人的讨论中。关键的是敢于认定和直面那些在他人看来堪称疯狂的宏大梦想和抱负：很少有人在临终前会对自己曾**努力**去实现梦想而悔恨，但是很多人确实会因为甚至未曾尝试而后悔。

我们都有责任帮助年轻人辨别出他们的潜能并实现它们，父母，还有我们之中那些以教育和看顾他人为职业的人或许无时无刻不在做这件事。有些潜能不可避免地要实现出来并且没有什么能阻碍它们；另一些潜能则需要正确的条件。一个人需要身处于"适合的条件"下来实现其潜能。这意味着他需要身处得到外部环境及行动者支持和作用的条件中。如果年轻人未曾被抚养、拥抱及受到文字教育，他们就会营养不良、心灵受损并且目不识丁。我们现在知道，人类大脑的"理性"部分，即大脑的前额叶，要到二十五岁左右才能得到完全的发育，也就是说，年轻人在法律上成年之后很长一段时间，我们仍要继续给予他们支持，往往要到他们的正规教育结束之后若干年。换句话说，通过一些抚养和培育方式，人能够实现自己有潜能实现的一切，但是这些潜能也可能受阻或无法实现。

让我们在亚里士多德认为潜能最具魅力的情境中考察它，即在理智潜能中。我们还记得，潜能的实现与否依赖于环境适当与否。进一步说，在每个人类个体身上，潜能的种类和多少都是不同的。作为种的人分有了一定种类的潜能，但亚里士多德还是认为，不同种类的人有不同种类和等级的潜能。例如孩童还无法进行理性审思，但是他们完全具有这么做的潜能。我们可以确定，亚里士多德还认为，不同个体的潜能也不同。的确，在《论动物生成》中，我们可以看到他尝试计算作为个体的父亲要赋予胚胎多少东西才使得这个潜在的人区别于其他人。是什么使亚里士多德更像他的父亲老尼各马可超过像和他一起住在他的家乡希腊北部的斯塔吉拉城邦的其他父亲们呢？他的潜能又有多少单纯由"物种"的编码——它使胚胎发育为和其他人一样的人及智人（Homo sapiens）——决定呢？

*

你是否辨别出自己独特的潜能，并且使之实现了呢？你是否渴望用生命去做一些事，但却苦于缺乏天赋或自然气质？你想当画家、政客还是主厨？要知道亚里士多德直到五十多岁才真正开始他的事业，所以你们肯定差不多都还有时间！但是长期思考在任何年龄段都是必要的。幸福在亚里士多德的意义上就意味着选择你想做的事及选择如此做的理由，并且按照计划去实现它。

亚里士多德在其谈论道德的最重要的著作《尼各马可伦理学》的开篇处强调，我们所做的每件事都有一个积极的目标，他称之为"一种善"。在医学上，这种善是健康；在造船术上，这种善就是船只；在家政理财方面，这种善是财务上的繁荣。就想要达到何种善而言，每个个体都可以为自己做出选择，随后专注于获取相应的技能、条件和同伴以便实现目标。关于寻找一个你自己的生活目标的必要性，最为简明的说法出现在《优台谟伦理学》中：

　　每个能够遵循自己选择的目标去生活的人，都应当通过以好的方式生活来为他们自己确立一些目标（skopos），它可以是获得认可、荣誉、财富或学识，他们在一切行动中都应当关注这个目标。显然，根据生活的目的，在你的生活中不创造秩序是愚蠢的标志。一种**未经规划**的生活当然是不值得一过的。

在《尼各马可伦理学》中，亚里士多德进行了一番令人瞩目的比较。在谈及什么使善好之物成为善的时，亚里士多德正如他通常那样借用了视觉艺术中的一个类比。他说，讨论可以从描述善好之物的"轮廓"开始，"先描绘一幅草图，然后填充细节。

如果一幅作品的轮廓草图被很好地确定下来了，那么可以认为任何人都能够接着继续并完成其细节"。有些细节只有经过一段时间后才能实现出来。我们可以把这幅图像转变成思考人生目标的过程，我们想做的真正重要的事只需要在我们头脑中显现为一个大致的轮廓：和绘画一样，余下的细节可以在我们进行的过程中加以填充。

以我自己为例，我想要一个爱我的伴侣，和他一起生养孩子，但我同时也希望避免厌倦（我一直感到自己需要大量的脑刺激），希望让自己身后的世界变得更好。这幅草图的第一部分（即伴侣和孩子）直到我三十五岁左右时才得以实现，主要是因为我从前并不知道如何辨认出与我有相似人生目标的伴侣，并把时间花在了同花花公子和没骨气的小人约会上。我还花了很久才知道如何尝试着去完成这幅草图的第二部分（即做一些有趣且有意义的工作）。但是在二十多岁的最后几年中，我得到了一位睿智导师的帮助，那是一位名叫玛格特·海涅曼的英国文学讲师，在一场十分正式的谈话中，她给了我极大的帮助。她评价了我的潜能，并且指出我全部的财富就是没有违章记录的驾照、有分析能力的头脑、交流技巧及在古典学领域的学术素养。我需要自己去发现如何利用这些财富为人类事业做出贡献。因此，在三十一岁时（同大多数学者相比是很晚的），我终于获得了博士学位、第一份大学教职，以及一系列尚未实现又彼此连贯的梦想。我决定尽我所能地利用希腊语和拉丁语加深人类的集体启蒙、娱乐和社会进步方面的"善好"。

最好的礼物是帮助他人认识到自己的潜能，并为其发展提供适宜的环境。世界上有许多孩子因为贫穷、缺少教育或被迫从小时候就开始工作而未能实现自己的潜能，但即使在有义务教育的发达国家中，也有很多孩子同样无法实现潜能。这或许是因为身处温室的他们过早地承受了压力（还记得脑前额叶在二十五岁以前都是发育不完全的吗？），也或许是因为没有人尝试过帮助他们。每个孩子都擅长一些事，且对这些事乐在其中。这种快乐意味着天赋一旦被发现就能成为有用的向导，指向今后可以选择的职业和事业。让你的孩子接触多种不同的激励因素和活动，同时还要注意他们是否给出了热情回应的信号，这并非难事。但是令人惊异的是，仅有很少的父母帮孩子识别出他们的天资所在。

在我周围受过高等教育的朋友和成为知识分子的同事中，多的是将自己关于理想事业和生活方式的愿景强加于孩子身上的父母。他们其中一个在毫无根据的情况下想象自己三岁的儿子注定要成为一位世界级钢琴家（十年后，他儿子拒绝再练琴），而在我看来，那个孩子其实喜欢下厨、野营和定向越野。另一个熟人无视自己女儿对蒸汽机车和工程学的热情，强迫她在中学和大学期间修读文学课程，这个孩子最后十分苦闷和抑郁，但至少现在她开始修理一些东西并成了一名管道工。

在制定计划时，最重要的原则是快乐。亚里士多德认为快乐是对任何事物进行科学、社会和心理分析的绝妙工具。这是因为他相信，自然利用快乐来帮助所有的感性动物发现并行对他们来说必要且有助益之事。不同的动物感受快乐的方式有细微差别：驴子喜欢吃谷糠，而狗更喜欢追逐小鸟和小型哺乳动物。人的非凡之处在于他们展示了分布在种群中的快乐的多样性。"汝之蜜糖，彼之砒霜"，你也许喜欢吃鱼，而你的伴侣偏好猪肉香肠，但是这种多样性远远不局限于对食物的口味。

亚里士多德辩称，我们都应该以能带来快乐的职业为目标：

> 生活是一种实现活动。每个人都在运用他最喜爱的能力在他最喜爱的对象上积极地活动着。例如，乐师用听觉在旋律上活动，爱学问的人运用思想在所沉思的问题上活动，如此等等。快乐完善着这些实现活动，也完善着生活，这正是人们所向往的。所以我们有充分的理由追求快乐。因为快乐完善着每个人的生活，而这是值得欲求的。

亚里士多德注意到，那些从工作中获得快乐的人往往都是最擅长这项工作的人。他认为，只有对几何学乐在其中的人才能精通几何学，同样的道理也适用于建筑和其他技艺。

一些与生俱来的天分需要比另一些更多的训练，没有人生来就有关于几何学、音乐或是建筑的完整知识。例如，在《修辞学》中，亚里士多德说，舞台表演大致上是一种天赋，并不像其他职业那样非常受到训练的影响。但是说到擅长生动化演讲的能力，或是在写作中引用前人的说法和谚语的能力，这就或许源自天赋，或许源自后天对文学的刻苦学习了（或者二者兼而有之）。这后一个例子也许最能代表今天人们所做的大部分工作。你也许天生善于交流和分析，但是只有经历严苛的训练，你才能成为一个优秀的律师。要想成为你那个领域中无可匹敌的人物——亚里士多德称之为"明智的人"（sophos）——你不仅需要自然天赋，还需要将之运用于学习，并且保持谦逊。他以一个竖琴演奏者为例，要知道在公元前 4 世纪，专门演奏乐器的人并不像今天这样得到尊重及享有一定的社会地位。但亚里士多德仍强调，一个竖琴演奏家可以有意识地选择是否要通过练习来获得精湛的演奏技艺。

关键在于找出你喜欢且对之有天资之事，然后**坚持它**。看起来这说到容易做到难，但是至少作为一个人而不是一棵榆树或者一只羚羊，你能够做出理性的抉择。亚里士多德还提到了雕塑家波利克勒图斯和斐狄阿斯，他们为雅典卫城的帕特农神庙制作了著名的雕塑。由于天赋加上持续的实践，他们在某一个领域内达到卓越。但亚里士多德也承认还有一些人更为多才多艺，其天赋让他们能够涉足许多不同的活动。（让人悲哀的是，也有少数人较为不幸，他们或者几乎完全没有天生的才能，或者没能找到自己的专长所在。亚里士多德引用一首喜剧史诗《马尔吉特斯》来阐明他的观点。诗人谈及一些可怜的人时说："众神没有让他成为一个手工业者或耕夫／也没有让他在其他某件事上有智慧。"而选择读这本书的人不大可能像诗里写的那样缺乏智慧。）

一些工作富有挑战性和竞争性，也或许有很多时候，当你有家人要养活时，你就需要做你不喜欢的事来谋生。但有一条一般原则具有无可改变的有效性，那就是要根据最让你快乐的活动来选择你要从事的工作，并进而接受相应的训练。如果你深陷在一项自己讨厌的、十分费力的工作中，即使还要养活自己的小家庭，把所有可能的选择立即评估一番对你也是有好处的。比起自己的家庭某天能拥有中产阶级的收入来说，大多数儿童宁可自己的父母就在当地商店上班，经常有时间在家里陪他们。我的一个朋友是一位优秀的物理学家，但他放弃了其学术生涯，因为这条路会让他远离自己的孩子。他找了份在超市码货的工作，这使他能够在工作的同时进行思考。现在他有幸福的家庭，并且还作为独立学者继续发表研究成果。如果你的工作确实让你痛苦，亚里士多德允许你放弃它："如果某人觉得写作和算术既不愉快又让人厌烦，他就不会做它们，因为那些活动是痛苦的。"

亚里士多德思想中有一种乌托邦倾向，这就是托马斯·莫尔[1]曾称亚里士多德"是他至为偏爱的"哲学家的理由之一。在《乌托邦》（1516）一书中，莫尔让激进的旅行者拉斐尔·希斯拉德在探索的旅途中带上了几本亚里士多德的作品。近来亚里士多德被重新归类为乌托邦式的思想家，这是因为他在其有关伦理学和政治学的作品中主张为人类的繁荣发展，实现全部的潜能和幸福创造条件，就是人类生活的目标。他还展望了一个由机器取代大部分人工劳动的世界，由此自由的人类能全身心地致力于沉思生活。今天的人类虽然有计算机、核能和蒸汽动力，有内燃机和各种机械、机器人，但在开发自己的理智潜能方面却并没有走得很远，有许多大脑并未通过教育实现其精神上的潜能。人类面临的生态和政治问题前所未有地严峻，然而我们远未开发我们被赋予的全部智力。

不像他更精英主义的老师柏拉图，后者对穷人及手工业者

---

1　托马斯·莫尔（St. Thomas More，1478—1535）：英格兰社会哲学家，著有《乌托邦》一书。

阶级的理智感到怀疑，亚里士多德频频强调，对任何给定的主题，最伟大的专家都更可能是那些具备常识并且积累了相关经验的人，哪怕他们的社会地位低下。他在《尼各马可伦理学》中承认，那些拥有大量关于某项活动的第一手经验的人可能远比那些对该活动背后的理论原则进行了一番研究的人**更**有用。他认为，在古希腊，有很多膳食顾问根本没有去过市场，也不亲自下厨："如果一个人知道白肉更易于消化并因此更有益于健康，却不知道哪种肉才是白肉，那么他就不太可能帮你恢复健康。"一个厨师比一个膳食学的学生更知道猪里脊肉和鸡肉的区别。在《动物史》中，亚里士多德描述了"有经验的渔夫"，他们曾经见过甚至钓上过种种奇异生物，状如棍棒的黑鱼、盾形的红鱼，这些都是他作为一个动物学家希望自己能够分类的。然而很不幸，因为目击太少，他无法给它们分类。

亚里士多德对人性中普遍善的信念甚至让他得以发现表达"聪明的大众"这一现代观念原型的语言。这一观念描述了这样一群人，他们并非如通常人们对群氓的联想一般举止粗野，而是借助普遍的、分散的理智使行为的效益最大化。霍华德·莱因戈德（Howard Rheingold）观察到现代人群能够借由集体理智之潜能的现实化来传递和获取信息，通过这一观察，他在《聪明的暴民：下一场社会革命》（2003）中提出了"聪明的大众"这个观念。在《政治学》第三卷，亚里士多德的确明确表达出了集体理智这一理念的原型：

> 可能许多人并非是好人，但组成集体后，倘若不将他们视作很多个体而是一个集体，那么他们就可能比少数几个好人更加好，这就像由很多人负责提供的公餐要优于由一个人提供的一样。因为在集体中，每个个体都有部分的德性和智慧，当这些个体聚集到一起，就像大众凝聚成了一个人，这个人有许多只脚、许多只手和许多种感觉，而在道德和理智能力方面，他们也成为一个个体。这就是为何一般公众比起某一个个人是音乐和诗歌作品更为优秀的评判者，因为不同的人能够评判演奏和表演的不同方面，而所有人就能够评判所有方面。

这很简单：我们的集体理智要比其各部分优越得多。

亚里士多德关于人的潜能最有启发性的话出现在《形而上学》中，这本书以那个著名的论述开头："求知是所有人的本性。"随后他将哲学——对世界感到惊异并提出"为什么"——定义为人类所特有的非常激动人心的东西。这种激动部分是因为，哲学并非直接的生产性活动，它不引发任何种类物质的丰富。亚里士多德讲述了他是如何通过"对最初哲学家的考量"而得出了这个观点的："无论是现在还是最初，人们都是由于惊异才开始哲学思考的；他们起初惊异于那些明显令人疑惑的事物，随后逐步前进，他们提出了关于更伟大事物的问题，例如关于日月的变化、星辰和宇宙的起源。"亚里士多德称，早期人类用神话来解释这些现象（他想到了赫西俄德在其《神谱》中讲述的创世神话），而哲学家在某种意义上也是这样的。他们惊异于宇宙的奥秘，感觉到自己的无知，因而努力寻求答案。

亚里士多德知道，早在他出生前约二百年，哲学和科学就诞生了，也知道对令人困惑之物的"惊异"最初是一种娱乐消遣。唯有当人们有足够的食物和闲暇来进行消遣性的思考之时，哲学才会真正开始。生活的实际需求已经得到了满足。他论证到，追问"为什么"对人类来说是一种自然倾向，但是这一追问还需要一个**超越**只满足纯粹生存压力所带来的生理需求的时代。

亚里士多德用来指代对世界的惊异的词语是 theoria，也就是我们所说的"理论"，如果要从亚里士多德的全部作品中选一个词刻在他的墓碑上，那就应该是这一个："我们拥有将世界理论化的潜能（dynamis theoretike）。"然而亚里士多德有关人类理智潜能的观点如今几乎不被讨论了，这种对人类天赋及潜能的巨大浪费很少引起注意，更别说有谁会因此感到遗憾。相反，亚里士多德有关潜能的革命性概念长期被天主教道德哲学家们垄断，限制在单一、狭隘的应用范围里，那就是有关堕胎合法性的争论。

这些天主教道学家辩称，不应当实施流产，因为胚胎拥有一些潜在形式的属性，随后这些属性将会生长为成熟形式。1973年，美国最高法院对"罗伊诉韦德案"所做出的具有里程碑意义的判决认定部分堕胎合法，自此，"潜能"这一词语就被永久限制在"堕胎之争"的词汇表中。该判例还强调："保护受孕二十四周以上的人类生命的潜能是州政府重大且合法的关切。"最高法院的裁决意味着，在谈到未出生的孩子的道德地位时，亚里士多德关于潜能的观点仍然被随后的生物伦理学家、哲学家和神学家们讨论着。尽管大多数时候都是反对堕胎的一方在引用这一观点，但这个观点同样也是他们的对手所使用的论辩工具的一部分，这些反对者中有许多人都是公开的女权主义者，他们将这一词语用于为妇女有权选择是否要怀孕而辩护。在这里有关潜能的论战变成了潜在的人与现实的、怀孕的人之间相互冲突的权利的争论。

当然潜能不仅仅同胚胎学相关，它实际上还是一个政治议题，因为它让我们思考个体和社会的未来。它帮助我们想象未来，并且努力将想象的未来变成现实（亚里士多德称之为**现实化**

未来），或者真正抵御不良的未来：环境污染、全球变暖、珍稀动物灭绝。成年人同样有潜能，他们在潜能的发展之路上走得比孕早期的胚胎要远得多。

无论是幼年时期还是成人以后，亚里士多德都在实现自己的潜能方面获得了持续的支持。他同马其顿宫廷一直保持着联系，在那里，富有的马其顿君主邀请了当时最具创新精神的发明家、科学家、造船工匠和艺术家。亚里士多德在雅典学园跟随当时最优秀的哲学家学习。在三十多岁时，他在莱斯博斯岛住了两年，利用岛上一个大潟湖学习海洋生物学，并且和同为自然科学家的友人——在莱斯博斯岛上土生土长——对当地十分熟悉的塞奥弗拉斯托斯进行交流。后来亚里士多德与东征的亚历山大军队保持联系，而且很可能从他的侄孙卡利斯提尼那获得了有关自然和社会现象的定期报告，后者同国王一起穿越了赫勒斯滂海峡。亚里士多德也能根据直接经验来比较不同的政治体制：在莱斯博斯岛，他曾生活于民主制、君主制，以及僭主赫米亚斯的寡头制之下。亚历山大征服了希腊世界之后，他又见证了当时最为庞大的、由一人所统治的政治体制。

《政治学》第八卷以一句名言开篇："没有人会怀疑，立法者应当把青年的教育作为首要的关注对象，因为忽视教育会对政制造成损害。"亚里士多德要说的是，从幼儿到青年人的各个层次的教育，对于**任何**政体形式中的共同体的繁荣发展都至关重要，因此必须**公开**安排，而不能任由各个家长自行决定。因为每个城邦的目标都是保证其公民活得好，"所以很显然，教育应当对所有人一视同仁，并且是公共而非私人的"。他并不认为由家长们各自对自己孩子的教育做私人化的安排对共同体有好处。如果全体公民都能在那些被他描述为"共同利益"的问题上接受同样的教育，那将会更好。

但这并不是说亚里士多德主张一种对所有人而言"一刀切"的课程。亚里士多德曾经观察到，体育教练调整他们的训练技术以适应特定的运动员。他也借医学的类比来说明，尽管休息和禁食通常对发烧的人有好处，但"对某些特定的病例，它们也可能并非最优"。对某个特定患者严谨的经验研究甚至可能表明那些并非医生而也许是患者至亲之类的人才了解何种疗法最有效。亚里士多德沉思到，我们都知道一些自我治疗者，他们"虽然无法治疗他人，却似乎是自己最好的医生"。即使在普遍的教育体制下，也有一些学生需要经过仔细量身定做的特殊教育方式。亚里士多德总结道："想必拳击教练不会把同一套攻击模式灌输给所有学生。"但是他仍然坚信应该有一套合适的教育公共管理体制。今天那些因为对国家的公立教育不满意而不得不求助私立学校的家长们也能从亚里士多德那里找到安慰："当共同体忽视了这项事务时，个人就要承担起责任，以帮助他自己的孩子和朋友活得好，即便无法实现，至少他也要以此为目标。"

但是这样由城邦组织，"在共同利益相关问题上"培养全体公民的理想教育体制是什么呢？唯一一个由法律规定学校课程内容的城邦是热爱战争的斯巴达，亚里士多德却并不推崇斯巴达：在那个城邦，所有自由人的孩子们不论富有或贫穷，都接受同样的训练（在《政治学》中，亚里士多德说，对在其他方面都是极端寡头制的斯巴达来说，这是一个反常的民主特征）。这样一种体制没有给亚里士多德所倡导的因材施教留有余地。

亚里士多德举出的另一个极端的例子是《奥德赛》卷九的"明星"——波吕斐摩斯，神话中的巨人族库克罗普斯中的一个人。波吕斐摩斯是原始族类，过独居生活，未曾娶妻并建立基本的伴侣关系。亚里士多德从社会学的角度思考，他注意到，还有其他库克罗普斯人也住在同一个岛上。但别的库克罗普斯人的确有妻子和孩子，但各家庭仍然没有形成任何种类的合作关系以建立共同体并促进城邦在教育中的参与作用。库克罗普斯们没有议会或立法机构，每个男性都是自己山头的岩穴之王，为他的孩子与妻子制定法律，并不关心其他同族。

而在我们自己的社会中，年轻人应当懂得的"共同利益相关问题"又是什么呢？当然是那些紧迫的社会政治问题和环境问题。亚里士多德会坚持认为，这一教育应当对所有人都一样，这样共同体中的每个人才能都懂得这些问题，并和其他公民一起进行卓有成效的对话讨论。因此普遍教育意味着使具备相应**潜能**的人为所有人都面临的重大问题找出解决办法，最大限度地增加这一可能性。在任何时候，在任何共同体中，都可能出现能力超群的人，理智是随机分配的。倘若没能辨别和实现出人类理智的潜能，那就等于我们在与时间赛跑的起跑线上给自己戴上了镣铐。在2015年，我痛苦地认识到我们究竟浪费了多少精神潜能。一份为政府编写的报告揭露了令人震惊的数据：在英国已工作的成年人中，有37%的人认为自己的工作是无意义的，也不会对世界产生有益的贡献。

负责任的地球村公民们当然应该采取主动，为自己的同胞们争取"共同利益相关问题"的教育。亚里士多德会赞同马丁·路德·金博士的观点，后者于遇刺前几周的1968年1月7日，在亚特兰大的埃比尼泽浸信会教堂进行了名为"你的新年计划是什么？"的布道，他所说的其中一件事情是：

> 我对我的孩子们说："我要去工作，尽我所能让你们受到良好的教育。我不希望你们忘记，还有数以百万计的上帝的孩子们不会也不能得到这样的教育，我不想让你们自觉比

他们更优秀，因为在他们实现自我之前，你们是不能实现自我的。"[1]

作为 21 世纪的公民，直到我们做好自己的分内之事，保证这颗星球上的其他所有人都得到教育与支持并使他们也实现**他们的潜能**，我们才能完全实现我们自己的，亚里士多德意义上的潜能。只有当全人类实现自我之后，**我们**也才能实现自我。

---

[1] 这场布道的录像可在埃默里大学档案馆举办的"南方基督教领袖会记录"（Program 7652）中查看，参见 http://findingaids.library.emory.edu/documents/sclc1083/series19/subseries19.1/。——作者注

3

选 择

近来，很多关于选择的研究（大部分是由心理学家和神经科学家所做的）都强调了我们日常所做决定的数量极多（一些人估计这一数字可达数千），而非这些选择的相对重要性。在一个富裕的社会中，我们的确会不断面临大量选择：吃什么、穿什么、买什么、看哪个电视频道。这些选择不太需要思考，因为其造成的后果只是短暂的。但是还有一些选择对我们乃至他人的人生都至关重要，因此需要认真投入大量时间并积极地反思。

　　是否与某个特定的男人或女人安定下来过日子？是否结婚？要不要及何时要生孩子？住在哪里？要不要展开婚外情或者是否出轨或离婚？在遗嘱里把财产留给谁……我们的选择也许同那些我们对之负责的人有关系。我们要选择给孩子取什么名字？定下什么行为规矩？安排怎样的保育照管方式？以及让他们上什么学校？

　　有些职业在其固有结构中就需要反复做出选择：医生、法官、政客，就连股票经纪人也要日常做出引发重大后果的决定。通过学习其职业范围内的决策程序，他们具备了这样的能力。但是大多数人全然没有接受过任何做出选择的基本技巧训练。

大众对于接受决策方面的援助有热切的渴求，这反映在由心理学家、诺贝尔奖得主丹尼尔·卡尼曼所作的全球畅销书《思考，快与慢》（2011）中。在其中卡尼曼强调我们随时都在做出的快速、直觉性的决断（"系统一"）和更为缓慢的逻辑考量过程（"系统二"）之间存在区别，但同时也强调，这两种系统经常是紧密结合运转的。早在两千三百多年以前，亚里士多德就具有几乎一样的观念，尽管他对机运（它能够完全毁掉甚至最为天衣无缝的计划）更为感兴趣（他少年时就失去了双亲，这是他的经验之谈）。他还给出了甚至连卡尼曼也忽视的一条准则：检视**先例**的重要性。

亚里士多德人生中最为重要的选择之一是在他少年时期做出的，在他父母去世之后，他被自己的姐夫普洛克塞努斯收养，他们一致决定，对年轻而智慧过人的亚里士多德而言，最理想的地方是世界上最好的学校，即柏拉图的雅典学园。作为柏拉图教过的最好的学生，亚里士多德如此全身心投入他所能接触到的一切学科，以及一些柏拉图本人几乎不感兴趣的学科，比如诸自然科学。亚里士多德成了第一个用实用词汇描述做选择的最好方式的哲学家，他以一种生动而讲求实际的风格写作，不使用艰深的哲学术语。这一方法包括：适当地筹划一切可能的行动过程，不论它们是否有助于你达到目标；尝试预估每一种行动过程的后果；选择并坚持。

希腊语中有关适当筹划的整个过程及做出选择的词语都是euboulia，其动词形式"筹划"（bouleuesthai）和拉丁词"意愿"（volition），以及英语中的动词"意志"（will）有关。euboulia既指为自身审慎思虑的能力，也指辨认出他人的好的筹划及理性选择的能力。因此它具有向精心选择的顾问征求意见的含义。希腊人对筹划一词的理解同一种对于统治的复杂理解紧密相连：即使是最为普通的人想要运用好行政权，他们都必须成为"周密的筹划者"。正因如此，希腊语中的**深思**一词同表示雅典的五百人议事会（democratic Council，由各个阶级的五百名公民组成，负责在大会上对投票表决前的政策和立法措施提出建议并仔细考量）一词具有完全相同的词根。当乔治·华盛顿于 1789 年 4 月 30 日在就职演说中简要地总结了亚里士多德意义上政府的目标时，他想到的正是雅典的五百人议事会：上帝保佑美国人民拥有"在清明宁静中筹划的机会"；他们能够一起通过"温和的讨论，以及这个政府的成功所必须仰仗的明智措施"来"为了自身幸福的提升"而奋斗。

亚里士多德相信，做出选择的过程对于重大抉择（例如政府应当在国防上支出多少）和家庭的微小决定（例如如何教育你叛逆的孩子）是同等重要的。

我们能够从亚里士多德的所有作品中，特别是从《尼各马可伦理学》和《优台谟伦理学》中提炼出最好的筹划方式的"固定程式"。这是一组说明或"规则"，无论何时当我们做出任何程度的选择时，都应该遵循它。我曾经在很多中学里为青少年们讲亚里士多德式筹划的"规则"，并且发现他们对这一类道德哲学的回应十分热切。筹划的技艺是需要假以时日才能提高的，它起初表现为自觉地运用常识，但是如果日常将常识运用于实际情境，那么它就会发展为亚里士多德所说的"实践智慧"（phronesis）。很重要的一点是，亚里士多德曾特别赞扬一位历史人物伯里克利的实践智慧，这位近乎传说的雅典政治家在公元前5世纪中叶的几十年间反复当选并领导着雅典。在位期间，他始终以非凡的稳定性保持着良好的决策力，雅典人在他的领导下繁荣昌盛，创造了不朽的艺术作品，例如雅典卫城的建筑、索福克勒斯和欧里庇得斯的悲剧。当伯里克利在实践智慧方面取得进步时，他作为政治家的发展并没有放缓势头。他的职业生涯只是因为死于瘟疫而中断，这是天降不幸的典型，就像英国哲学家伯纳德·威廉姆斯在其著作《道德运气》（1981）中所表明的那样，亚里士多德同样深知，筹划对这些不幸是无能为力的。

亚里士多德对厄运的详述远远超过大部分现代的专家。厄运带来的麻烦是随机的，这意味着生活并不公平，命运也并无天意眷顾。坏人和筹划不周的人常常成功，以无限的关怀做出选择的好人却往往遭受苦难。亚里士多德第一次到雅典时，雅典的一位杰出的具有理智的人物——修辞学家伊索克拉底正好谈到了对机运和筹划之间相互冲突的标准希腊式理解，他坚持认为，真正的勇敢要在议会进行筹划之时而不是在面对战争的危险之时得到证明，因为"战场上发生的事取决于运气，而此处（议会）的决议才是我们智力的体现"。亚里士多德也会同意这一差别。（尽管他会用自己更加复杂的分析模型来说明，在战场上，技艺和幸运都是成功的要素。）他会赞同希罗多德笔下有智慧的波斯人阿尔达班，后者认为恰当地筹划**总**是值得的。即使一个经过周密筹划的计划失败了，当事后分析导致这一结果的原因时，重要的是认识到原因在于机运而不是缺乏努力。

在《优台谟伦理学》的第八卷中，亚里士多德观察到一些人是幸运的。在行动范围内，机运是对成功最为重要的（例如掷骰子），这种情况下，即使是愚人也可以成功。在另外一些情境中，尽管也需要技艺，但成功还是很大程度上取决于机运（此处亚里士多德举了军事战略和航海的例子）。

我们如何解释机运这一现象？作为世界历史上第一个透彻分析了该问题的哲学家，亚里士多德说，多数人认为幸运是天生的，就像眼瞳是蓝色或黑色一样，也有人认为这不是天生的性质，但是一个幸运的人不论在道德和智力上有多大的缺陷，都仍旧是诸神的宠儿。这样的人就像一艘"造得很差的船"，却"总能更好地完成航行，即使这并不能归功于船自身，而是因为有好舵手（即神）"。这种说法表明幸运之人有神为他掌舵。

亚里士多德不满足于这种通俗的解释，他仔细考虑了一种可能性，即一些人比另一些人更好地**利用**了好的机运，因此无论他们具有怎样的自然能力，他们都能把随机的意外事件的原因转变为生活上的成功和幸福。同样是买彩票中了大奖，有的人把奖金挥霍一空，因为自觉"高人一等"而失去了朋友，眼见他们的婚姻破碎、家庭分裂，随后堕入比天降横财之前更为穷困潦倒的境地。这样，表面上好的机运最后成了不幸。也有些人把奖金投入子女的教育、回馈朋友和家庭，例如购买住宅，甚至成立慈善基金。这样，通过筹划和运用理性，他们把任意的好的机运转变成一种对幸福的有所助益的境况，这其中的幸福并非随机得来的，而是经过筹划且得到良好执行的活动带来的。

按照亚里士多德的说法，也许很多时候幸运都不是完全不可计算的。亚里士多德给我们提供了一幅格外复杂的图景，展示了就本性而言就具有一些性质的个人。这样的人具有对有助于自我完善的美好之物的强烈欲求，以及（尽管有时是"自发的"而不是经过了反思的）追求这些目标的精力和献身精神。今天我们可能会说这类人积极主动、乐观向上、野心勃勃，这些性质对他们而言是自然的且鞭策着他们，他们甚至不需要思考这些天赋究竟是什么，就好像他们只是更幸运而已。他们不一定要培养理智方面的技艺，例如筹划。亚里士多德还举例说："有音乐才能的人即使没学过唱歌，对唱歌却具有自然的才能。"有的人从未在如何获得幸福和成功方面接受任何训练，因此也不能教导伦理学。但是他们靠着直觉行动，就像一个有自我意识的德性伦理学家。想想一个天生优秀的歌手哪怕从未受过训练，也能在表演中取悦所有人。这样看来，德性伦理学和可以学习的技艺，即筹划能够帮助人们**弥补上天的不公平**，这不公平使得一些人天生具有更强烈的自然倾向去做那些能使自己幸福之事。

但实践智慧则是点滴积累的，要想完善筹划的技艺，就需要实践经验。不要说成为一个专家，就是要成为一个周密的筹划者，你也需要不断地重复实践，并且评估结果。亚里士多德说，这不像学习数学那样根据原理而无须实践中的运用就能理解，因此年轻人越早开始进行理性筹划越好，对人们进行道德决策程序方面的教育会使世界对每个人来说都变得更好。

如亚里士多德所警示的那样，年轻人急需教育，因为筹划是极其困难的。在一些条件下，分辨是非很容易，一个大致体面的人都能凭借直觉知晓在各阶层之间公平分配金钱、食物和机会的方法。但是亚里士多德也说，以恰当的方式正确地行动是"比知道什么治疗方法使人变得健康更为困难的任务"。伦理学是更加变动不居和复杂的，比医学更甚。作为医生之子的亚里士多德补充说，即使在医药方面，真正**让治疗见效**也远比仅仅懂得"蜂蜜、葡萄酒和嚏根草，针灸和手术"要棘手得多。

　　首先，我们有必要定义筹划。对亚里士多德来说，筹划有一种特定的意义。它与我们的最终目的无关，医生并不筹划自己的意图，因为那显然是让病人恢复健康。筹划是关于选择实现我们目的的最好手段的。医生筹划采取何种行动和治疗方式才能让病人痊愈。类似地，我们知道自己的目标是幸福，但是筹划的是如何实现这个目的的手段，即最能为我们自己、我们的所爱之人和我们的同胞们确保幸福的手段。

　　在亚里士多德看来，筹划是一种特殊的活动，有很多事，比如自然法则或已经判明的事实（例如某样东西是不是一条面包），我们是并不筹划的。我们筹划的唯有**不确定之物**，而这其中甚至也不能包括那些我们无法控制的不确定的现象，例如天气，或是意外之财。我们仅仅筹划那些"在我们能力范围内，可以通过行动实现之事"。我们筹划**是为了**行动，这也是筹划在伦理学和政治学的语境里如此突出的原因，因为这两类学科最关注**采取行动**。

其次，筹划还关乎我们将要做什么，而不是过去发生了什么，甚至也不是我们过去做了什么。或许我们会对昨天做出的选择感到**后悔**，就像医生如果看到自己的某个治疗方案起了完全相反的作用也会感到后悔一样。亚里士多德为了举例而设想了他所能想到的最大的事件："人们本不该**选择**洗劫特洛伊"并屠杀数千人，最后将这整个文明彻底摧毁，覆水难收，没有人或神能够使这一事件反转，"没有什么能让已经发生的事情不曾发生过"。亚里士多德引用了诗人阿伽通的诗句并表示赞成，后者说："唯有一事连神之权能亦无法通达，即撤销已发生之事。"

这都是让我们对自己的人生负起责任，不要指望幸福会恰好砸在你头上（就像女人们从某个遥不可追的时候起就被教导只需期待"白马王子"奇迹般出现并带给她们幸福，无须她们自己做任何努力）。亚里士多德以那些"希求不可能之物，例如成为全人类的统治者或不朽者之类"的人为例，他把筹划称作"有目的的选择"，即"你的分内之事"，而这并不包括成为全世界的统治者，或者干脆成为神。当亚里士多德对自己的希腊读者们说筹划"印度的事务"没有意义时，他可能想到了亚历山大大帝挥师东征穿过阿富汗。他说，因为那（印度的事务）"好比化圆为方，不是我们的分内之事"。

亚里士多德承认，一些人过于弱小，不能为那些必定在他们分内的事承担全部责任，这种人不太可能学会很好地筹划或执行他们筹划得出的方案，但是仍然存在底线：如果你想得到幸福，你**必须**为你自己的行为，甚至不作为负责任。"在那些某人可以决定做或不做的事物上，某人自己即是这些事物的原因，他能成为什么样的原因都取决于他自己。"亚里士多德断言我们都有作为好人或坏人行动的自由意志，同一个人"显然出于意愿做出一切他有意去做的行为。很明显，善与恶都是出自意愿的"。

这对我们的道德来说是根本的，亚里士多德甚至说"我们是根据一个人有目的的选择来评判其品质的。也就是说，不是根据他做了**什么**，而是根据他**为什么**而做（来评判）"。亚里士多德想起悲剧《美狄亚》中被自己的亲生女儿们杀死的国王珀利阿斯：这位神话中的希腊国王衰老虚弱，女巫美狄亚说服他的女儿们，自己制作的药水能让国王重返青春，并且用一只羊做实验，在经验上证明了这点。几个女儿筹划了一番，出于对父亲的爱，又看到实验表明的证据，她们决定将老父切碎投入美狄亚熬煮药水的坩埚中，然而老父就此死去了。但是珀利阿斯的女儿们本应考虑的是究竟是什么私人事务驱使美狄亚做这件事（她想为丈夫争夺王位），并且绝不该接受她的提议。

亚里士多德建议，你应当在良好的意图之上确立一个虽困难但是能够实现的目标，且这一目标应当同你自己的能力和资源相称。你要系统地筹划为了达到这一目标而采取的明确行动路线，比较不同的行动路线，然后选择一种（亚里士多德将这种选择叫作 prohairesis，意思接近"偏好"）。随后就要一心一意地去实施。这种方式决定了亚里士多德思想的真实、深刻、让人满足和持久幸福。由于它是你自己创造的，所以除了随机的厄运，就像那场雅典的瘟疫[1]，没有其他东西能从你那夺走它。即使真的到了那天，你在感染瘟疫之前取得的成就也会被认可，这就意味着比起过得漫无目的、浑浑噩噩来说，你死时是一个更为幸福的人。

亚里士多德在筹划和因果之间看到了十分紧密的联系：当我们就如何达到目标进行了筹划时，我们想要实现某个目标就是**更有目的性的**。亚里士多德注意到，那些最不做筹划的人易于激动、冲动行事、对生活中的目标无甚感触。还有很多人虽有足够的能力筹划，却没有相应的自制力去贯彻和实行他们那些筹划所引导他们暂时采用的策略。

我们当然都处在这样的位置上：有多少人每年 1 月都筹划着

---

[1] 即前文所述夺走了伯里克利生命的雅典瘟疫。

要为了健康而节食、少饮酒、去健身房锻炼，但是还没到 2 月结束就放弃了？这样，有时候我们每个人都成了亚里士多德所说的"不自制之人，不能把自己筹划得出的方案贯彻到底"。也就是说，至少在吃饭这方面，我们中有很多人就像是"一个通过了一切立法程序并制订了良好的法律，但却从不依法律行事的城邦"。

在开始筹划前还有一项准备工作，你需要确定自己是否真的有选择。如教育家约翰·杜威（他受亚里士多德影响很大）所说："问题说清楚就解决了一半。"有时候你没有什么回旋的余地和自由操作的空间，例如当你成为俘虏时。在还有些情况下，你**虽然看似**有选择，但如果你正确地设置了问题的优先级，那么你**实际上**并没有选择。亚里士多德在此举出的例子让人好奇他在独裁君主的马其顿宫廷里看到了什么：如果一个僭主抓走了你的父母和孩子，并以他们的性命要挟你为他做些该受谴责的事情，你就可能并无其他选择。亚里士多德因此认为，我们同所爱之人的关系比道德顾虑更重要。我认为这是令人耳目一新的。我曾有一次在医院插队，通常我会觉得这是完全不守秩序的，但当时我那十八个月大的孩子病得很重，所以我没有把通常情况下的道德公平性，即尊重排在你前面的人们的权益放在孩子的利益之上。我为自己的行为感到羞耻，但亚里士多德明确地把因为孩子的生命而采取的错误行为排除在"正常的"道德评判之外。他把失去孩子说成"对人类天性施加了极大压力的惩罚，没有人能够忍受"。

当谈到把生命的地位置于财富之上，有时候即使能正确思考的人也会反常地进行选择。例如，当你正坐轮船航行，一场突然的暴风雨威胁到你和全船乘客的性命，你是不是愿意抛弃所有财物来营救你和这些同伴们呢？"任何头脑健全的人都会这么做。"亚里士多德在《尼各马可伦理学》第三卷中如此坚持。那么他或许会对以下事件感到震惊：2015 年 9 月 8 日，一架英国航空公司的飞机在飞往拉斯维加斯的航路上起火，面对"抛下行李，离开机舱逃生"的要求，很多乘客却浪费时间去寻找自己的手提行李并把它们从行李舱中拿下来。

当亚里士多德和自己的学生们探讨"筹划"时，他们的对话是建立在希腊智慧文学那悠久而广博的传统之上的。这一传统起源于一种信念，即因为总有你无法掌控的随机因素——机运发挥作用，所以你永远也无法确保自己做出的是正确的选择。但是**你能够确保**自己准备充分，以便做出能够让自己成功和幸福的机会最大化的选择。那篇叫"论筹划"的文章实际上是由苏格拉底和伯里克利的朋友、"工匠哲学家""鞋匠西蒙"（他的鞋店原址已于雅典的市集中被发现，其中还留有很多鞋钉，以及刻有"西蒙所有"字样的陶罐的一部分）传播的。亚里士多德自己写了一本《论筹划或论提出和听取建议》（*Peri Symboulias*），这本著作可能补充了在他现存作品中就选择所谈论的内容。《伊利亚特》开启了西方文学中的"筹划"主题，在其中阿喀琉斯谈及两种可能命运的选择：是短暂而辉煌的人生，还是于年老时安详地终结于家中的漫长人生（9.410—29）。

　　那么不管是亚里士多德明确探讨过的，还是他理所当然地视作希腊智慧一部分的筹划的"规则"是什么呢？想象你正要选择是不是要离开你重要的另一半，也许你听到一些流言说他有了婚外情。在古希腊，一个周密筹划的人要遵守的第一条规则就是"不要草率地筹划"。冲动在筹划中是不应有一席之地的。在一场争吵之后，也许你会想离开你的伴侣，但是往往再过一周事情就会不一样了。事实上，古希腊有句谚语说"在晚上筹划"（我们会说"考虑一晚上"）。电子邮件出现之前，我们会在生气时用纸笔写下我们的愤怒，把信放在门口准备第二天一早就寄出，但是一觉醒来，我们往往又会撕掉这些信，在曙色中察觉到我们并不想真的马上就离婚、辞职或移居别处。互联网加大了即时通信的风险，盛怒之时，你最好远离电子邮件和社交媒体。事实上亚里士多德说过，对严肃的筹划而言，速度本身并不重要。他认识到有些人能很快做出选择，而有些人尽管需要更长的时间来做决定，却依然不失为这方面的优秀人士。

第二条规则是确证所有信息。错误的知识不可能引出正确的选择：奥赛罗[1]在选择杀死苔丝德蒙娜之前应该多问问那条手绢的来处。亚里士多德曾在雅典学园中学习，那里一个长盛不衰的中心议题就是真正的知识同意见或传言之间的区别。说你的伴侣有了婚外情的传言并不是事实。这有时很艰难。我有一个学术圈的朋友，她的丈夫坚信她有婚外情，还雇了私家侦探想搞到些照片或是录像来证明这一点。但是这个男人所发现的只是自己的妻子同她那台古老的雅达利计算机难舍难分，因为她需要用它来处理讲义。雇用私家侦探或许极端，但是也有其他方法可供你确证信息，比如直接询问你的伴侣对这些正在传播的恶意流言有什么看法，然后观察他们的呼吸频率是否发生变化。

在全球政治的层面上，未能确证的信息可能导致真正灾难性的后果。2016年6月6日，约翰·基尔柯特爵士发表了关于英国在2001—2009年间对伊拉克政策的报告。报告得出结论说，"托尼·布莱尔政府关于伊拉克大规模杀伤性武器之威胁的判断"是"绝没有得到证实的"。更糟的是，基尔柯特说，很明显，"对伊拉克的政策是根据有纰漏的理智和判断做出的，这些判断未曾受到本应有的质疑"。这一政策导致了英国和伊拉克不计其数的

---

1　莎士比亚同名悲剧的男主角，因听信谗言而掐死了忠诚的爱人苔丝德蒙娜。

死亡，却仅仅建立在夸大和失真的信息之上。亚里士多德并不会对此感到惊讶。

确证信息同第三条规则关系密切，那就是咨询并听取专业人士的建议。雅典人为了从专业的水手那里获得有关海军的建议而走了很远的路，也只选择最优秀的建筑师来设计他们宏伟的神庙。这些专家不必非得是雅典人，专业知识就是专业知识。美国总统奥巴马于 2016 年 5 月在罗格斯大学发表演讲，指出人们永远不会想搭乘由完全未经飞行训练的人驾驶的飞机，雅典人会为这句话鼓掌。亚里士多德说如果你不是某件事的专家，那就去咨询专家。他引用了古代智慧的诗人赫西俄德的话来证实这一观点：

> 最好的人能够首先思考问题的所有方面，未来和自己的目标，然后给自己提出良好建议，而能听取良好建议的人也不错。但是一个既不为自己打算又不愿接受别人劝告的人是没有任何好处的。

提供建议的人必须不是**利益相关者**（而不是**毫不关心此事的人**），并且处于不会因你的选择而有所收获或损失的立场上。奥赛罗绝不应该相信伊阿古能给他没有利益相关的建议。根据这个定义，你的下属绝不是非利益相关的。虽然我们大多数人在情感上痛苦或遇到困境的时候都会本能地求助于最好的朋友，但他们在这方面甚至还不如下属。就因为对你的朋友而言你太过重要，所以准确来讲，他们有自己的立场。在婚姻问题上根据朋友们的传言去行事倒还不如找一个情感咨询专家。

第四条规则是去咨询将被你的选择所影响的各方面人的意见，或至少从他们的角度来审视情况。当你和伴侣分手，受影响的不止你们两个，你们双方的家庭、朋友、同事、邻居，特别是你们的孩子（如果你们有孩子的话）。你同时处在多种关系中，而改变其中一种关系所产生的多米诺效应可能带来糟糕的意外后果。

第五条规则是检视你所知道的先例，无论它们是你亲身经历的还是仅仅曾经发生过。当你面临的选择很微小时，这种筹划会很有趣。如果你要选择给某人的生日礼物，回忆自己去年送了什么将大有用处。当你要给一个晚宴安排座次时，不要把彼此厌恶的两个人安排在邻座。但是在一些更为严肃的问题上，要从过去学习的内容就更多了。一段关系的破裂会给人带来什么后果？情感创伤对你个人有什么影响？你的伴侣在压力之下会有什么举动？

规则六是评估各不同后果的可能性，并为所有你认为可能的后果做好准备。《基尔柯特调查报告》冰冷地披露，布莱尔政府在决定对伊拉克开战这个问题上令人震惊地忽略了这条规则："尽管有收到直白明确的警告，但入侵伊拉克的后果也还是被低估了。伊拉克对侯赛因下台后的规划和准备尚不充分。"你自己的选择或许永远都不会有如此重大的后果，但是它们同样需要你对可能的结果做一番评估。你能99%地肯定你的伴侣在你离开后还能保持体面，不会殴打或是敲诈你，也不会诱拐你们的孩子吗？如果你不能99%地肯定，那你就预先考虑，向律师咨询并且采取必要的预防措施。你需要对任何可能的后果做大量计划。当你处于压力之下，对将发生的事预先准备好应对策略是十分重要的。

除了评估可能的和可以预见的后果，第七条规则是你应该考虑**机运**这个毫无顾忌的因素，把所有你能想象的**随机**可能性都考虑进去。何种无从预见的事件会严重影响事情发展？要是你突然病重，不能照顾孩子了怎么办？厄运是无法完全预见的，但是意识到其可能性却是筹划的一环。

据说希腊人关于筹划的箴言还有一条禁令"勿在酒后筹划"。亚里士多德肯定会同意这点，在他笔下，处于酒后兴奋中的放纵者总是德性伦理上的无能之人。这不是说亚里士多德反对饮酒，正相反，他认为在有所节制的前提下，饮酒的快乐是值得提倡的。他一定阅读过希罗多德，我有时想知道他是如何看待这位历史学家对波斯人就国家重大事项集体决策的方法所做出的记录的。波斯人在共同喝醉之时进行投票，但是关键在于，接下来他们会在清醒时检查投票结果，只有当酒醉和清醒之时的结果一致时他们才会采取相应行动。在这种情况下，心灵同头脑处于完全和谐之中，或者说是丹尼尔·卡尼曼的快思考和慢思考相结合的"原型"。我承认，和我丈夫一起决定家中大事时，我偶尔会模仿波斯人的做法，从而违背我对亚里士多德式节制的认同。在我的经验中，这种方法是有效的，但我们也总是会确保我们**不管在哪种**表决之前都谨慎遵守以上八条亚里士多德的筹划规则。

我遗漏了规则九和十，因为它们已经不适用于现在这个时代。规则九说奴隶不能筹划，规则十则说"女人无法同筹划共在"。很不幸，亚里士多德相信女人心灵中负责筹划的部分是"无法运转的"，或者需要由男人"引导"，这取决于你如何翻译这个存在疑问的形容词（akuron）。但即使在他那个时代，亚里士多德也有可能被说服，从而承认自己的观点是错误的。一些古希腊人始终承认有个别女人能够以无可置疑的能力进行筹划。在欧里庇得斯的悲剧《请愿妇女》中，雅典国王忒修斯的母亲埃特拉所提出的深刻的建议引导儿子做出了他所处的环境下唯一高尚的选择。埃斯库罗斯的《阿伽门农》中，阿尔戈斯的王后，头脑敏捷、才智过人的克吕泰涅斯特拉被描写为有着"像男人一样筹划的心灵"。

亚里士多德在筹划方面的思考流传后世。文艺复兴时期，伊拉斯谟将筹划作为其广受好评的作品《谚语集》（*Adagia*）的主题，几十年后，英国女王的个人顾问弗朗西斯·培根发表论著《论谏言》（1597）。亚里士多德关于选择的思考正在现代哲学圈子中再度兴起：政治理论家们将之用于探讨民主政制下集体决策的优劣，以及（以一种和认知心理学有所重合的方式来研究）个体的道德行动者之主体性的运作方式。一些极具吸引力的当代哲学研究致力于定义何为理想的筹划者，但和心理学家卡尼曼一样，所有上述研究都回溯到了亚里士多德，并且它们都关注筹划的性质或程序，而这些都是亚里士多德十分详细地考察过的。近来，人们已经对何为良好筹划有了定义，例如需要在完整正确的信息的基础之上（这很可能要寻求无利益关涉的第三方的专业意见）评估目的。有时，良好筹划还要求通过前例和经验来估算某些结果的可能性。还有一种标准关注的是筹划者的直觉和判断的稳定性。

最后，尽管思考和实践这些筹划的规则可能十分耗时，但你其实不必**过虑**就能享受生活。当你无力改变之时，周密筹划的命令是不适用的。倘若一个病人已经病入膏肓、无药可救，那么医生再去筹划如何救治就毫无意义，他只需要筹划如何减轻病人的痛苦。这一十分简明的真理其实十分难以领会，但它为那些责任感过于强烈的人提供了极大的慰藉。费心思担忧你所不能改变的事只是浪费时间。

我也经常过虑，例如直到考前最后一刻还担心自己的学生们的表现，尽管在过去几周、几个月乃至几年时间内，我其实已经尽己所能，确保他们掌握知识、信心十足并且准备充分。我本应把花在焦虑他们考试表现的时间用来反思，思考如何将从他们身上获得的教学经验用来帮助我更好地教育下一批学生。我也曾浪费生命中数月时间苦苦思索如何让我十分喜爱的人戒除酒瘾。很长时间过后，我才明白这是我力所不及的，那完全取决于他们自己。

试图改变那些超出你掌控范围的事情是徒劳的，比如你预定举行婚礼的日子很可能大雨倾盆，但是如果**真的**下雨了，那么**确实**有一些方式让你能够运用道德理性去选择该如何行事。亚里士多德的选择会很简单：改为举办室内婚礼，摆满带有婚礼主题的雨伞的席位，以及为新娘准备更多的发胶。

4

沟　通

亚里士多德开创了一种观点，他认为修辞术和逻辑一样是一项**中立**的技艺，既能够用于善好的目的，也能够用于邪恶的目的。实际上，修辞术对任何追求幸福之人都是必要的："若认为人应该为无法用肢体力量保护自己感到耻辱，而不应该为无法用言辞和理性为自己辩护感到耻辱，这一想法是荒诞的，因为运用理性言辞比运用肢体更是人之为人的特征。"亚里士多德把经过修辞术训练的人比作他举例时最喜欢使用的形象，即医生：最好的医师即便不能治好所有病人，也会用全部技艺治疗他们。而修辞术士与此类似，即使他们无法成功说服所有人，他们也需要通晓所有可知的技艺，还要知道如何运用它们。

亚里士多德是从自身的痛苦经验中得出这一点的。在生命的最后时光中，他在雅典最高法庭被一个叫欧吕麦冬（Eurymedon）的雅典祭司指控"不敬神"，主要的指控则是，他的信念与雅典人的宗教信仰相冲突。亚里士多德可能出庭了，因为一些古代文献提到了他撰写的并在法庭上发表的辩护演说，并说他演说中所展现的修辞术十分有力。但是由于对手的偏见，尽管这场演说十分出色，亚里士多德还是未能得到赦免。

亚里士多德的《修辞学》革新了对言辞说服的研究，原因是这部作品的重点在于论辩技术的必要细节，即如何使言辞**生效**，而不是如何成为一个圆滑的演说家从而在城邦中获得权力。这部论著开篇的陈述想必在当时对许多受过教育之人都颇具威胁：修辞术是一项可以被教授的技艺，任何人都一定能够习得。所有人都"试图批评或支持论辩，以为自己辩护或指控他人"。无论在家中还是在工作中，大多数人始终如此，而不是有意地思考这一过程，他们已经从习惯及他人对这些论辩技巧的使用中习得这一技艺。但是由于这显然是个学习过程，所以"很明显，这些论辩的细节能够被简化为一个体系"。

亚里士多德认为，修辞学不应被当作为政治生涯做准备的技艺而被学习，它只是一种在任何社会、政治及其他环境中论辩的能力。他的学生们学习修辞术是为了在各门知识学科中更好地自我表达。当他问为何无人在教授几何学时关注取悦听众时，这一点就已经很明显了。为什么不呢？任何学科的教师，即使他教授的是全然客观的、事实性的内容，也能通过运用修辞术来使自己的教学更有成效，就此而言，这也适用于所有人。

在任何场合，不论是工作中或是为家务扯皮中，运用亚里士多德《修辞术》中的基本法则都会助你成功。在过去数个世纪中，《修辞术》教给了我们与他人辩论的基本技术。不止普通人细致深入地学习这部论著，还有其他以自己的作品影响了后世演讲稿撰写人及教育者的古代修辞家，如西塞罗、昆体良，也都吸取了亚里士多德的准则。

另一个原因是，亚里士多德的说服理论同他的其他作品是结合为一体的。情感与思想是亚里士多德的德性伦理学的基础，也同样和他关于说服的建议是合一的。《修辞学》中也有一些亚里士多德在演说中得到的关于认知的非常有趣的经验观察，即人们如何理解文字传达的信息。他的整个理论都建立在演说者同观众之间的关系，以及情感和语言如何创造这一关系之上。

在亚里士多德写作《修辞学》之时，希腊人已经学习演讲数个世纪之久，并编写过关于演讲技巧的手册。但修辞术的名声不佳，被视为胆大妄为的政客用来颠倒黑白、煽动公民做出不道德甚至自我毁灭性的集体决策的可疑伎俩。柏拉图对话中的哲学家和智术师之间重要的结构性区别是：前者探寻真理，后者仅仅关心如何影响大众的意见。

亚里士多德并未中修辞术的诡计，他举例说明演讲者如何制造肯定或否定的"转换"：对某人来说是恐怖分子的人，可能是另一个人的自由斗士。亚里士多德的例子是奥瑞斯提亚，他杀了自己的母亲克吕泰涅斯特拉，为被母亲杀死的父亲报仇。是"为父复仇者"还是"弑母者"，完全取决于你希望自己的听众同情奥瑞斯提亚还是厌恶他。亚里士多德还评论说，在他所在的时代，"强盗"开始"自我粉饰"为"收粮员"。他以诗人西蒙尼德斯为例，后者曾被要求为某场骡子赛会胜出的骡子写一首颂歌，西蒙尼德斯拒绝了，他认为这是不可能的，因为颂歌本身是高雅的诗歌体裁，不能用来赞颂一头毫无高贵之处的畜生。然而在委托的主顾提出会付给他足够的钱财之后，西蒙尼德斯决心"粉饰"这头骡子，并写下："圣哉！生有风暴之蹄的骏马之女！"他可以说是一位颠倒黑白的大师了。

说服可以用于值得赞扬的目的。亚里士多德在三十多岁时迁至小亚细亚峭岩林立的阿索斯和阿塔纽斯王国，在那里教君主赫米亚斯哲学。他可能被任命为王国的官方顾问之类的，并且成功说服赫米亚斯建立一种更加民主的政体。但是那时亚里士多德在民主的雅典已经生活了二十年，他很清楚律师和政客的演讲和雄辩的风格常常会煽动反复无常、充满偏见且愚昧无知的大众。

亚里士多德批判了过去那些教授修辞术的手册（这些手册无一留存至今），因为它们只关心与演说的真正主题完全无关的

"演讲术"方面：它们教授如何把观众的注意力从重要的证据上转移开去，如何诽谤和中伤对手及竞争者，并且通过诡计煽动诸如怜悯这样的情感，例如让你年幼的孩子在法庭上落泪。这类修辞术的成功并非因为演说者的演说真的技高一筹，而是因为他们迎合了听众的情感喜好或戏剧口味。

亚里士多德认为放弃学习修辞术无异于同时抛弃了辩才和煽动人心的伎俩。他认为修辞术只是一种工具，这一工具能让你以最令人信服的方式提出同论题**相关**的事实作为论点，以此帮助听众形成理性判断。最令人信服的论证**永远是**关注证据的，亚里士多德称其为"省略三段论"（enthymeme）[1]。

多数有效的省略三段论由听众已有的信念出发。在工作面试中，这些信念就是面试官会选择最符合条件的候选人，并且双方都认可这些条件。如果是对出租车司机进行面试，那么省略三段论法就意味着无违章记录、无犯罪记录，还有在另一家出租车公司工作若干年未出差池的证明。归根结底，**一切**都是交由一般大众所持有的信念来判断的论证，而用文件证明的论据则是目前在

---

1 亚里士多德的三段论是一种推理形式，包括大前提、小前提和结论，两个前提可以推出结论。省略三段论通常会省略某个前提。例如下文提到的面试出租车司机的例子，完整的三段论可能是（1）大前提是好司机没有违章犯罪记录；（2）小前提是这个司机没有违章犯罪记录；（3）结论是这个司机是好司机。而省略三段论省略了大前提，即默认出租车公司和面试司机双方都知道，好司机应该无违章犯罪记录。

说服过程中最强有力的要素。

人们通常将亚里士多德的《修辞学》和《诗学》放在一起讨论，但事实上《修辞学》同他的关于逻辑学的六部作品关系最为紧密，这些作品由在他之后的古代哲学家们集结起来，起名为《工具论》（*Organon*）。这部作品在哲学、科学和数学的历史演变中可谓影响深远。亚里士多德并不满足于**运用**论证：他认为我们用于支持或反驳理论的理由是复杂的并且需要对它们自身进行分析。他认识到，在学习一门学科时，我们要做的不是学习其"内容"，例如植物学中的植物，伦理学中的人类行为，而是要学习当我们运用理性论证时所采用的形式。在这方面，亚里士多德是一位先锋人物，他清楚地知道："关于修辞学，有很多古代作品可以借鉴，但关于逻辑学，我们无所借鉴，唯有花费大量的时间从事艰辛的研究。"

三段论最简单但也最重要的构成要素就是其命题或曰"前提"。通过把两条命题（前提）并置，我们就能推断或演绎出第三条命题，即结论或真理。这同修辞性的省略三段论类似，但有个名字叫作三段论（syllogism，在希腊语中意为"将论据并置"）。以下就是一则有效的三段论：

前提 1：所有哲学家都是人类。

前提 2：亚里士多德是哲学家。

结　论：所以亚里士多德是人类。

亚里士多德是首位以一种普遍形式来总结三段论的思想家：所有哲学家（x）都是人类（y），亚里士多德（z）是哲学家（x），因此亚里士多德（z）是人类（y）。

确立了三段论的概念之后，亚里士多德发现，多数三段论可以根据前提和修饰性形容词，例如"所有"哲学家或者"一些"哲学家，分为几种类型。修饰性词语甚至可以是否定的，例如"没有"哲学家，这是因为亚里士多德注意到稍复杂一些的三段论包含了否定性的陈述：

前提 1：今天亚里士多德和塞奥弗拉斯托斯**并没有都**在吕克昂学园。

前提 2：今天塞奥弗拉斯托斯在吕克昂学园。

结　论：所以今天亚里士多德不在吕克昂学园。

如果两个前提都为真，则结论一定为真。**如果**前提是正确的，则人们能够得出有效且有用的结论。

然而形式逻辑的关键之处在细节。多数七岁的孩子都能指出错误、不合逻辑的结论，例如：

**前提1：**所有英国人都是人类。

**前提2：**一些人类喜欢香蕉。

**结　论：**因此所有英国人都喜欢香蕉。

如果仅仅有**一些**人类喜欢香蕉，那我们就不能说**所有**英国人都是如此。就不能得出这样的结论，这是不合逻辑的。如果要得出上述结论，我们还需要其他信息。不过多数孩子还需要很长时间才能学会质疑呈现在他们面前的**前提**：

**前提1：**亚里士多德是哲学家。

**前提2：**所有哲学家都是书呆子。

**结　论：**因此亚里士多德是书呆子。

在这里，前提1是无可争议的，**假如你认可上面两条前提的话**，则这个结论也是符合逻辑的，然而问题出在前提2。有经验的哲学家、政客和律师很清楚，前提2能巧妙隐藏逻辑问题或偏见。三段论最弱的部分**永远**是中项，因为如果听众已经接受了你的前提1，则他们就已经进入了一种思维模式，认为你是可信的，并且更愿意接受你的前提 2。大部分基于种族或其他歧视性偏见的论据都是在前提 2 中做出错误陈述的，这类错误往往是归纳，比如所有爱尔兰人都很懒，所有红头发的人都是暴脾气，所有女人都停不好车。

苏珊是我的同事，她是一位人类学家，时常和她的哲学家丈夫吵架。而她的丈夫就像《星际迷航》中的史波克一样总能抓住妻子结论中的漏洞，说她毫无逻辑。她丈夫说，她的推论都是不合逻辑的。但苏珊当时并没有发觉她的丈夫隐藏了他自己的逻辑错误，他的第二个前提是错误归纳。

**前提 1**：苏珊在进行心理治疗。

**前提 2**：人因为心理上不健全才需要治疗。

**结　论**：因此苏珊是心理上不健全的。

有一次苏珊在哲学百科上阅读、标记并仔细研读了亚里士多德全部逻辑学作品的主要大纲，自此她丈夫插入的那个不正当的前提 2 就再也逃不过她的眼睛了。苏珊先前总试图证明自己是丈夫的前提 2 中的**例外**，而非完全驳倒这条前提。但在学习了逻辑前提的规则之后，她得以重述丈夫的三段论如下：

**前提 1**：苏珊在进行心理治疗。

**前提 2**：通过接受心理治疗，人证明自己在心理上是理智和健全的。

**结　论**：因此苏珊是心理上理智和健全的。

这对夫妻现在仍然在一起，而且快乐了不少！因此，让年轻人接受基本的逻辑训练，特别是教他们质疑前提，而非仅仅关注得出符合逻辑的结论，这是给予他们一件有力的武器。这使他们不仅能以此在重要的人际关系中保护自己，还能抵挡心怀不轨、肆无忌惮之人，特别是那些想要利用年轻人头脑单纯的、充满偏见的政客。

美国总统乔治·W.布什在为其所倡导的教育改革辩护时就使用了这么一个错误的前提。根据《2001 有教无类法案》，3—8 年级的测验比重大幅增加。小布什说：

**前提 1**：小学生在学校时常在基本读写和算术方面不及格。

**前提 2**：所有反对大幅增加测验比重的人都对让学校为小学生基本读写和算术不及格负责一事毫不关心。

**结　论**：只有大幅增加测验比重，才能提高小学生的读写和算术能力。

前提 1 表述了一个事实，且这一事实得到广泛承认，但是前提 2 并不正确。小布什的反对者当然也时常关心如何让学校为其教学表现负责，并且也提出了若干不同改革方案，只是这些方案中并不包括增加测验。也就是说，小布什的结论是错误的。他从未证明过要提高识字率和计算能力，**唯一**的办法就是增加测验。小布什向公众辩护其提案时，时常在前提 2 中歪曲其反对者的意见。

另一个假三段论的例子是小布什和托尼·布莱尔在支持入侵伊拉克时使用的：

**前提 1**：情报显示伊拉克拥有大规模杀伤性武器。

**前提 2**：我们并未欺骗公众，也没有歪曲或夸大证据。

**结　论**：因此我们必须入侵伊拉克，解除萨达姆·侯赛因的武装。

他们用情绪语言将人们的视线从前提 1 中"证据"细节的模糊性上转移开来，而在前提 2 中，他们又诉诸自己道德上的正直。布莱尔一口咬定，伊拉克的大规模杀伤性武器是"活跃的、精细的，并且数量正在增长"，而小布什说必须在萨达姆"威胁我们的文明"之前入侵伊拉克。由于选民们没能看到这三段论中的漏洞，很多悲剧性的历史事件就这样发生了。

但是你想用修辞术达到什么目的呢？这个过程包含三个要素：你，也就是传递信息的人，你的听众，还有你的"讲稿"，即你在信件、邮件、讲话或演说中传递给听众的东西。亚里士多德将讲稿分成三种基本类别。第一种是在法庭一类的地方所使用的，用于描述已经发生的事情，因此使用过去时，例如苏格拉底的敌人们指控他向城邦引入了新神。第二种是使用现在时的演讲，用于讨论或颂扬当下的人或制度，在婚礼上为新婚夫妇发表的赞美词就是合适的一例：亚里士多德和妻子皮西亚丝都**热爱**动物学，因此是非常合适的一对儿。第三种演讲是关于未来的行动的，用于人们要抉择**该采取何种行动**时，这一类演讲是为了说服对话者选择某行动，使用将来时及条件句或虚拟语气：腓力陛下，**倘若**您愿意重建我所热爱的家乡斯塔吉拉，我**将**同您重归于好。这类修辞术和亚里士多德筹划的概念相关。他之所以格外重视这类"筹划的"修辞术，是因为其具有改变历史进程的潜能，即使只是在小范围内改变，它也能够强有力地影响在人际关系、职业生涯和政治中发生之事。"筹划"中的技巧、说服性修辞赋予其掌握者以权力，而其美妙之处在于它能够习得。

亚里士多德的《修辞学》有三卷之长且引人入胜。我在此试着将他最重要的有效沟通"法则"压缩至短短几页篇幅之内。根据我自己作为学者的经验，有效沟通给人的生活带来最大影响的场合就是工作申请了。在如今的大学里，一个薪水微薄的临时教职一般会有两百个申请人竞争，要进入最后的候选名单几乎是不可能的，更别提在二十五分钟内说服面试官，让他们相信你比另外五个和你一起面试的申请人更出色。除了详细工作内容不同之外，申请学术职位和其他职位没什么区别，所以接下来的部分对所有找工作的人都适用。比方说，我们问亚里士多德求职信应该怎么写，又应该怎么准备面试，亚里士多德会说，有效沟通的入门法则是：听众、简洁及清晰。

动笔写求职信之前，你要尽可能多地了解你的听众，即招聘委员会的成员或者其他任何有可能读到你的求职信的人（例如人事和人力资源管理部门的负责人）。通常来说，要知道谁负责招聘并不难，很多公众事务的雇主都有义务公布负责人姓名，而对多数职业而言，这些信息是会传开的。必须让你的听众，也就是能决定最终候选者名单的那些人感到你为了解他们做了深入调查和严肃思考，并且尊重和钦佩他们，也对同他们共事这件事将会如何有一定理解。对亚里士多德而言，修辞术首先是**情感**的交流：你希望接收信息者自我**感觉**良好，并且**渴望**认识你、再次见到你。窍门在于做到这些，又不用油腔滑调的奉承之语自我贬低。避免一切负面的语气显然是明智的，如果申请人在求职信里表示他们厌倦现在的工作或是同上司不和，那这样的信肯定会被直接扔进废纸篓。这样的陈述可能是事实，甚至是有道理的，但是把你自己包装成一个易同别人发生冲突的抑郁者却是荒唐的。

所以无论是你在写求职信还是你已经获得了面试机会，"听众调研"都是关键的。我有位朋友曾在激烈竞争中脱颖而出，获得了一个职位，因为他是唯一一个发现委员会中有权势的招聘负责人员有政治偏见的面试者，其中一个还对瓦格纳很着迷。在学术界，事先考察每个面试官发表的作品很重要，因为这让你能够把握你们之间的对话，将其引向你知道会吸引面试官们的方向。这样的考察还能帮助你了解院系里那些师资力量最为薄弱的领域，让你能够据此生动准确地描述自己对这一空缺的填补作用，从而保证减轻面试官们自己的教研负担。但即便在申请信中，你也需要用一两句话表明你已经对自己的技能如何补充完善了已有教职员的技能有自己的思考。

要为听众着想，并使你的申请信得到正确的情感回应，这是需要努力和时间的，而调整你的腔调，和听众保持一致也是一样。我读过一些装腔作势、令人发笑的申请信，开头写着"尊敬的阁下"。但我也见过一些人在申请信中表现出近乎轻蔑的无所谓态度（"嗨，教授！"）。而亚里士多德式的中道介于这两个极端之间，既避免矫揉造作，又高贵得体（各位亲爱的招聘委员会成员），但是每封信必须针对可能的收信人"量体裁衣"。当然批量打印然后把这些一模一样的申请信发给所有雇主更为轻松和快捷，但是这不能帮你进入多少最终候选名单。

亚里士多德修辞术的第二条主要原则是简洁。当你要说服他人的时候，少**总是**多。只有篇幅本身才有价值的演讲并**不关乎未来的行动**，它们出于别的目的而被创造。这种以篇幅为追求目标的演讲意在娱乐（如果你被雇来发表半小时的餐后脱口秀，却仅仅说了十分钟，你的主顾们有权投诉你）。还有一种情况则是葬礼的追悼词，它针对的是已经发生的事，即逝去之人生命中的事件。如果追悼词过短，人们自然会认为这是不敬。但假如你要说服人们**将来去做某事**，不管这个"将来"多么临近，例如给你一份工作，简洁都是必要的。有关你的细节已经包含在简历中，甚至我要说，如果你的求职信以 12 磅字号书写，并且超过了一页或至多两页 A4 纸，那你就要重新组织你的论述了。

根据亚里士多德的观点，关于未来的行动，有效的说服只包含两部分，**其余一切**都是多余的，并且会分散注意力、模糊焦点。第一部分是陈述你希望发生什么（例如你希望得到一份正在考虑人选的工作）。第二部分是能证明你是雇主最需要的候选人的证据。在比工作申请篇幅更长的演说中，比如为了引入新法律而在议会发表的演讲，在这种演说的最后，你需要对自己之前说过的全部内容做出总结。亚里士多德发现，修辞表现无论是以演说传达还是写在纸上供人阅读，一旦其所需时间超过五分钟，则人们所能接受并记住的信息量有普遍的限度。但是当所需时间在五分钟以内，则总结甚至都是可有可无的。对一封一页的求职信而言，总结是多余的。

在这类信件中，陈述你希望发生什么及原因只需要两句话："我希望申请圣瓦茨拉夫学院音乐系'频谱形态'这门课的讲师职位（职位编号：F3400），招聘广告刊登于 2016 年 4 月 16 日的《教育者日报》。目前我在波斯尔思韦特大学有一份有限期合同的职位，我在那里很开心，但也想在更大、更具国际知名度的院系中获得终身教职。"余下部分应当**简要地**提供证据以表明你是这一职位的理想候选人，这些证据只需要在有限的几个标题下分别列出即可，其中一些关于你过去的表现，展示你自己，另一些关于你的未来规划：你已经有适合的资历、过去的经验和态度，并且你相信未来能和雇主合作愉快。最后强调每一类证据中你认为最重要的那一点，这样你就写出一封比至少 75% 的竞争对手都更出色的求职信了。

修辞的第三点关键特质是清晰。如果人们不理解你所说的，你**将**无法说服他们。令人惊讶的是，很多志向远大的讲师的档案中都没有说明自己过去在何时、何地、以怎样的成绩通过了考试或取得了博士学位，也没有说清楚他们现在在做什么，更不用说将来他们能为新的院系带来什么了。如果你要看两百份申请，那么只需花一分钟时间寻找这类信息，就有足够的理由丢弃其中某些申请了。

人们并不愚蠢而且招聘委员会的人能够发现你申请文书中模棱两可和含糊之处，这不仅让演说者或写作者看起来闪烁其词、不够诚实，也会让听众或读者恼火或者紧张，而亚里士多德的建议是要具体化：在你的求职信中不要说"几个月后，我将为我的'古希腊诸神研究'这个项目申请研究经费"，而要说"我将在入职第一年结束时，为我对基克拉泽斯群岛上阿波罗崇拜中心的研究申请经费资助"，或者说"明年9月，我将把朴次茅斯打折村所得预期利润用于在大曼彻斯特区东郊开设彼得运动鞋专卖店的新分店"。接下来做好准备在面试中**明确**解释这个项目包括哪些内容，以及你从什么渠道获得资金。

亚里士多德也对表达形式的模糊不清和令人迷惑所造成的听众的疏离感做了说明。他以古希腊哲学家中可能最晦涩难懂的赫拉克利特为例，并引用了后者说过的一句因词序不当而几乎无法确定真实含义的话："永远地，尽管理性存在，人仍处在怀疑的状态中。"我们不清楚是理性长存呢，还是人永远处于怀疑之中。这句话必须加上标点或者改变次序才能明确副词"永远地"修饰的是哪一部分。

假设在这封毫无瑕疵的求职信和结构清晰的简历的帮助下，你获得了面试机会，这时你的身体表达就来到聚光灯下。亚里士多德认为，这时候最重要的组成部分就是成功的修辞术字母表中的"D"——传达（delivery）。

亚里士多德的密友塞奥弗拉斯托斯用一整部作品来讲传达，其现存的残篇表明了后者同样对传达这一主题保持着浓厚的兴趣，并且还会探讨雅典的公众演说家们使用的传达类型。古希腊语中的传达一词实际上是 hypokrisis，本意是指演员表演时要进行的步骤，但在英语中的这个词却被歪曲成了**虚假的**道德情感，即伪善（hypocrisy）。但是"角色扮演"的想法对准备修辞演说也不无帮助。我有个很有魅力的朋友曾经因被控使用无许可证的黑白电视而站上法庭，出庭时她穿了旧款连衣裙、平底鞋，挽了个乱糟糟的发髻，她含含糊糊地告诉法官说，自己是个植物学教师，不懂什么电视设备许可证方面的法律，并且为此真诚地道歉。最后她得以仅仅缴纳最低数额的罚款。

你想在工作面试中展现出什么样的性格特征？其实你可能好逸恶劳、总企图让别人多干，如果真的得到了这份工作，你会压榨你的同事。但你不想给未来的雇主们留下这种印象。亚里士多德的《修辞学》第二卷开头的一章对此有清晰的说明：想在听众中产生信服感，讲话者必须"（1）让自己的形象看起来符合你想展现的个性，以及（2）将那些能够决定自己命运的听众置于正确的思维框架中。而关于他的性格特征，他应当让听众们感到他决策力强、有德性并且友善"。当然，如果你是个行动派的亚里士多德主义者，你应该已经通过持续的努力将这些品质内化为根深蒂固的习惯，并且到目前为止，向你的面试官传达这一点是没什么问题的。

但是亚里士多德进一步描述了那种广受欢迎的人物，这种人不依靠他人，而是靠勤勉为生。即使你过去通过不道德的手段，比如谄媚上级或者考试作弊取得了成功，向潜在同事提到你过去完全靠努力工作取得成绩也**总是**能取悦不堪工作重负的他们。

亚里士多德拓宽了广受欢迎的人物的定义："就是那些让人觉得和他们住在一起或共度一段时间会很愉快的人，比如脾气好、不挑我们错误的人，还有不喜口角、不好争辩的人。"阳光、快乐、和善都是无比珍贵的品质。正确对待玩笑话也十分重要，你**必须**能够"接受"别人针对你开的玩笑，同时进行"回敬"，并且要**优雅地**"回敬"："我们喜欢能够机敏地开玩笑并且也开得起玩笑的人。"话虽这样说，即便有面试官**真的**在面试中很缺乏专业度地对你说了冒犯的玩笑话，在那种场合下也不应该回击，即便你可以回击得足够优雅。亚里士多德有一条十分有用的忠告，那就是用严肃和真诚来回应带有攻击性的俏皮话。嘲笑和讽刺会在对感受和意见的真实陈述面前黯然失色，亚里士多德知道讽刺往往暗含轻蔑，而你可以把针对自己的讽刺性攻击转变成自己的优势。

不是所有面试官都会在面试开始的两分钟内就马上决定你的去留，经验老到的面试官懂得，在面试开始大约十七分钟后，一些面试者会忘记他们所扮演的角色，尤其是那些过于自信的人，他们会开始自我感觉良好并且使得自己开始使用自夸的语气。一些更为表面的因素会影响面试者对你的评价，第一印象很重要，亚里士多德深知这一点。在他的伦理学作品中，他说到了衣着打扮。那些拥有伟大灵魂的人要在服装过分奢侈和看起来仿佛不在乎自己外表之间取一中道。亚里士多德敏锐地指出，过分邋遢也是一种卖弄。在我这个行业里，很多同事过去装作不在意外表的样子，以暗示他们的思想关注的是更高级的东西。不仅在衣着方面如此，他们甚至不用香体露，也不擦鞋，更别说去洁牙、理发或者干洗衣服了。值得庆幸的是，在年轻一代人中这种风气有所好转。在此，无论你是男性还是女性，最有用的建议都一样：没有人是因为穿着**简单**但剪裁得体的深色套装、干净熨帖的白色衬衫或者一套商务套裙和保养得当的深色鞋子去面试而丢掉工作机会。花钱在剪裁精良的衣服上是值得的，如果你没钱买，也可以去租一身。

第一印象不仅是你的外表。同房间里的所有人保持眼神交流也很重要，特别是在他们提问时，应该始终同每个人都保持这样的眼神接触。亚里士多德的同僚塞奥弗拉斯托斯在《论表达》里说，一个不同听众进行眼神交流的演说者给人的印象之差，就如同一个背对观众的演员。你最初的回应十分重要：任何修辞表现，不论是说出来还是写下来的，其开篇都如亚里士多德所说，是无可比拟的机会，能决定你是吸引那些听众的兴趣，还是让他们走神。亚里士多德提到了他那个时代最伟大的悲剧演员泰奥多勒斯，后者坚持要重写所有古典剧目，以确保为自己的角色加上一段开场白，这样做只是因为开场白是同观众建立联系的最佳时机。

关于说服性演讲，亚里士多德还有若干很有帮助的评论。一方面，你的面试或演说的开场是你最可能吸引所有人注意的时刻，但是很快听众们的注意力就开始分散了，因此作为演说者，你需要集中精神，但更重要的是让你的听众也能这样，因为"除了开场，任何时刻注意力都可能懈怠"。这条论述已经被认知科学家在教育环境中所做的大量实验证明是正确的。而在人类集中注意的能力这方面，许多研究已经表明，在报告开始的五至二十五分钟之间，几乎所有人都不能再集中精神。因此黄金法则是，如果你的讲座有五十分钟，那么就要在第十七分钟时改变思路，或引入完全不同类型的信息，然后在第三十五分钟的时候再这样来一次，并且要在变化的节点明确指出来。亚里士多德引述哲学家普罗狄库斯的例子，后者在演说时，每当看见听众们"开始打瞌睡"，就会说："我接下来要讲的比你们以往听过的任何事都新奇！"接着他会免费表演他最为著名的演讲中的某个选段，而在其他场合，听这样一场完整的演讲需要付五十德拉克马[1]之多。

另一方面，亚里士多德认为要说服听众，类比的作用很关键。一个经过精心挑选的类比比其他任何修辞手法，例如插入一些不同寻常的话语，都更有说服力，"到目前为止，最了不起的事就是掌握隐喻。这无法从他人处习得，而是天赋的象征，因为好的隐喻意味着你拥有一种直觉，能够从不相似的事物中看到相似之处"。此处亚里士多德说的是隐喻，但我用了"类比"一词，这是因为亚里士多德并不认为明喻（"黎明时，太阳的光线就像玫瑰色的手指"）和隐喻（"玫瑰色手指般的阳光喷薄而出"）有任何**功能上**的区别：它们都让听众联想起清晨太阳的模样，它的光线像一只有着粉色手指的手。亚里士多德最关注的是这种比喻

---

1　古希腊货币单位。

的认知功能。他正确地认识到比喻能促进学习。因为听众需要考虑被比较的两种事物在哪方面是相似的（为什么阳光像手指？），因此他们积极地参与到学习太阳和手的外观这个过程中来。

进行原创性、启发性的类比，而非重复早已有之的陈旧类比，这是亚里士多德所认为的为数不多能称得上自然天赋的且不可习得的能力之一。确实有人通过出色地运用比喻而获得了声名，温斯顿·丘吉尔就是其中之一，他能用意象加剧听众对敌人的憎恶："墨索里尼就像蔫头耷脑的豺狼，为了保全自己的皮毛，把整个意大利都变成了希特勒帝国的附庸，跟在德国猛虎的左右耀武扬威，不只为了讨得一点食物而吠叫——这尚且可以理解——甚至还因胜利而发出狼嚎。"作家多萝西·帕克以其辛辣诙谐的比喻闻名："一点小小的坏品味如同一小撮美味的辣椒粉。""他的声音亲密得如同床单的沙沙声。"多萝西将这一遗产赠给马丁·路德·金博士，后者使用的比喻成就了修辞术所能成就的最美好之事，即让历史变得更好。在他振聋发聩的演说《我有一个梦想》（1963）中，隐喻和明喻带来了丰富的视觉画面感，其中多数都让人想起美国壮丽的河山："带着这样的信念，我们将能从绝望之山中开采出希望之石。"但也有些画面是通过用典描绘的："只要密西西比的黑人还不能投票，只要纽约的黑人还认为自己投票也无力改变状况，我们就不能满足。不，不，我们不满足，我们不会满足，直到正义如大水般飞流直下，直到公正如滚滚大江汹涌澎湃。"就如很多接受过圣经教育的追随者很清楚的那样，金在此暗指《旧约·阿摩司书》5：24 中先知对未来的启示，这一启示在历史上曾给非裔美国人带来了极大的慰藉："惟愿正义如大水滚滚，使公正如江河滔滔。"贝拉克·奥巴马在 2007 年宣布参选美国总统时精明地引用了金引述《阿摩司书》的这段话："我们曾欢迎移民登陆我们的海岸，我们将铁路通向西部，我们曾将人类送上月球，我们也曾听见金的呼唤：'正义如大水般飞流直下''公正如滚滚大江汹涌澎湃'。我们曾做到过这一切。"这样，奥巴马毫无疑问地让种族平等的意象以重大而不可回避的势头起到了双倍的效果。他的讲话让诸如"正义"这样的抽象概念变得发自肺腑、具体可感，不但让听众们在心中重树对曾在林肯纪念碑前发表演说的马丁·路德·金的信念，也让他们将成为总统的奥巴马将要推行的变革同 20 世纪 60 年代民权运动所带来的改变联系起来。

亚里士多德似乎也为自己那些使人目不暇接的类比感到自豪。他知道自己生来就有那种我们称为"横向思维"或"跳出框架思考"的能力。他总能通过使用另一个经验维度中的经验进行类比，从而成功澄清难以把握的概念。在《劝勉篇》中，他把对自然宇宙的沉思比作观众在剧场或运动场上的观看行为。在解释悲剧所具有的潜在教化功用时，他说从观看舞台上的痛苦遭遇中学习，就如同通过观看描绘丑陋、原始的生活形式的图画来学习。在讨论正义问题时，他把公平同他在工作中于莱斯博斯岛上所见的建筑工人用的测量软尺相比较。一位因材施教的好教师就像"拳击教师"，在训练所有学生从事同一项体育运动时，根据每个人的天赋特征来制订相应的训练计划。一个拒绝过共同生活而选择独善其身的人犹如"棋盘上孤零零的一枚棋子"。

在亚里士多德伦理学作品里那些最有助益的类比中，有些是与荷马史诗的著名神话片段相比较的。在论证城邦应当参与决定儿童的受教育内容时，他让我们想起相反的做法是野蛮的独眼巨人族才有的，他们住在不同的岩穴中，每个岩穴的男性首领单独决定自己的孩子们学习什么。而关于长远思考的重要性，例如思考许可通奸对家庭生活稳定的威胁，他让我们设想自己是正看着海伦的特洛伊人。或许我们极度渴望见到海伦，但倘若我们不对这份渴望说"不"，我们的城邦就会被摧毁。

最后，亚里士多德的观察中最有可能帮你改变自己的说服力的是，有效的演说和有效的写作之间的差异比人们通常所认为的要小得多："一般说来，不管你写了什么，它都应该易于阅读或转述，二者是一回事。"确实，在亚里士多德的时代，默读还只是个例而非习惯，多数人会读出声，就像今天儿童们大声朗读那样。但这丝毫不会减轻亚里士多德建议的分量。如果一个句子很拗口，那它自然也无法轻易进入读者脑内的认知部分。在这里，句子的**长度**极为重要。亚里士多德说，过短的句子会使读者不快。但有时一个只有两个词的句子也能效果显著，在任何特定的文本或演说中只会有一两次这种效果。过长的句子就更糟糕了，因为读者或听众无法及时领会你的意思，你倒不如什么也不说。所以，如果你要写一封求职信，在发送之前一定要大声朗读，因为在面试中，某个招聘负责人很可能会在提问结束后给其他人朗读或转述求职信里的部分内容，或者（更糟的是）在面试中回复你。

5

# 认识自己

即便是我们中那些对工作和生活都十分满意的人，也总有些时候会感觉自己还能做得更好。一段艰难的经历，比如离婚或长期纷争可能让我们有些许负罪感，并且疑惑自己究竟需要为他人的悲惨境遇负多大责任。第一个孩子的出生可以让我们更愿意在道德上有所进步，因为自私和为人父母是不兼容的。又或者我们可能见过一些人，想要效法其行为，像他们一样为人类幸福而奉献，为此我们努力提升自己。亚里士多德在德性与恶的范畴中提出了认识自己，以便我们发现自己最好和最坏的特质。自我评价并根据它来采取行动增加德性、减少恶行，不仅能让你周围的人更幸福，也能让你自己更幸福快乐。

　　亚里士多德最为宽泛的建议就是关于幸福之人所具备的美好品质，即德性及其相关缺点的。幸福和这些美好品质的关系问题是他整个伦理学观点的核心。如我们之前就注意到的，他认为在基本德性上有缺陷的个体不可能获得幸福这一点是自明的："任何人都不会说，至福之人没有分毫勇敢、节制、正直和理智，而是惧怕苍蝇从眼前飞过，为满足口腹之欲而无法节制暴行，为了蝇头小利就毁掉自己最亲近的朋友。"

亚里士多德相信人的幸福要求正义、勇敢和节制，这些"德性"的类型使得哲学家们将他的整个道德体系贴上"德性伦理学"的标签。亚里士多德用来表达"好品质"和"坏品质"的名词 aretai 和 kakiai 在古希腊是基本的日常词汇，没有特殊的道德意涵。传统"德性"与"恶"的翻译则有着令人不悦的隐含意义。"德性"暗示着自命不凡，而"恶"则同邪恶、贩毒团伙及娼妓联系在一起，这个英语词汇比希腊语中的 kakia 承载了更多意涵。

"德性伦理学"听起来仿佛装腔作势又夸大其词，但是不同于让你决定践行"正义"，而要你告诉自己对所有人一视同仁，履行自己的责任，帮助人们（也包括你自己）去实现人类的潜能。不同于让你"践行勇敢"，而是要你从你所恐惧之物出发，锻炼自己不那么害怕。不是让你发誓"节制自己"，而是说找到"中道"，或者找到合适的"度"去回应强烈的情感、人际交流和欲求。（这些都是亚里士多德的"节制"包含的内容。）

亚里士多德在《优台谟伦理学》和《尼各马可伦理学》中关于德性及与其相关的恶的论述构成了一份道德的实践说明书。

"诸种德性"，或曰"幸福之路"与其说是人格品质，不如说是能够在实践中习得的习惯。在不断重复的行为中，它们变得根深蒂固，就像我们开车时的无意识反射行为一样，这样它们看起来似乎确实是（至少在外人眼中）你性格中不变的品质（hexis）了。这个过程会持续一生，但是很多人到了中年时就会变得更好，这是因为他们强烈的欲求此时已经更易于控制了。只要自己愿意，几乎所有人都能在道德上有所提升。就像亚里士多德所说的，我们不像石头，后者不能在"训练"后仅凭自身向上飞到空中，只要你放手，石头**总**会落回地面。亚里士多德把德性看作和其他任何技艺，比如弹奏竖琴或建造房子一样是可以"习得"的。如果你弹出的调子嘈杂刺耳，或者你修建的墙倒塌了，但你却不下功夫提高技艺，当然只能落得一个琴艺糟糕或是建筑水平低劣的名声。亚里士多德说："技艺也一样，正是通过和同胞做生意，我们中的一些人变得公正，而另一些则变得毫无公义心；通过在危险的处境中行动，形成胆小或自信的习惯，我们才变得怯懦或勇敢。而身体欲望和怒气对我们性格的作用也是如此：一些人变得自制、温和，另一些则挥霍无度、暴躁易怒。"

或许在关于勇气的问题上，这一点最为鲜明。我们中很多人通过不断重复地面对让我们恐惧的东西或者经历而摆脱了惧怕或恐怖。我幼时曾经被一条狗攻击过，那之后很多年，我看见任何品种的狗都不惜绕开很远。亚里士多德会让我不要对自己过于严苛。就像他说过的那个对黄鼠狼产生病理性恐惧的人一样，我也是由于心理创伤而变得害怕，但是正因为心理创伤是一种疾病，所以它能够被治疗。直到我丈夫说服我养了小狗芬利，在我（起初很不情愿地）和它日常相处几年后，我才（几乎）完全有自信面对绝大部分的狗。（尽管我仍然保持警惕，注意让狗远离幼童。）另一个更为复杂的例子是，我的一个朋友刻意破坏他与之前好几任女友的关系，原因在于他总在好几个月的时间中无法表达自己的不满和愤怒，直到某天突然爆发而后离开（有时是她们感觉到了他感情上的不真诚就先离开了他）。直到三十岁出头，通过向他的孩子的母亲清楚表达他的感受，他才学会了在问题一出现的时候就通过商议去解决，而非等问题发酵几个月时间直到不可收拾。

人不是生来就具备亚里士多德诸德性所要求的技艺的，这是理性、情感和社会交往的结合体，但是人生来就有在自己身上培育这些德性的潜能。亚里士多德的"德性伦理学"可以看作一份他和自己学生们散步时的谈话记录，不管是在马其顿做亚历山大的老师，还是后来在自己的吕克昂学园教书时，他都和学生们关注如何做一个正直而有道德的人。尽管他的德性哲学能够应用于每个人，但他心中有时也的确有某一类学生，他们（或许是不可避免地）是男性、是富有的、注定成为杰出的公众人物。有时这一点突然而戏剧性地显得明白无误，比如亚里士多德讨论一些城邦要求富人缴纳的捐款时，我们大多数人一辈子也不会被要求在资助一支国家剧院的歌队、修建一艘战舰或举办一次公餐中做出选择。但是关键是这些拥有特权的年轻人没有理由**不打算完善自己所有的**德性。如果他们成功做到了这一点，他们就应获得亚里士多德最高的赞扬，即拥有伟大的灵魂（megalopsychos，"伟大的灵魂"一词的希腊语是由"大"和"灵魂"或"心灵"两个词构成的）。最接近这个词的英语单词是来自拉丁语的magnanimity[1]。我觉得自己可以听见亚里士多德向一群吵吵嚷嚷的马其顿青年讲述灵魂大度之人应有的举止："步态稳重、声音低沉、言语审慎。用尖锐的嗓音说话，快步走路都表现出易于激动和紧张的性情。"

通往幸福之路因此就是用一生的时间成为一个拥有伟大灵魂的男人或女人，即做一个大度的人。你或许没有钱供应一艘军舰，也无须拥有缓慢的步态或低沉的嗓音。这种大度是真正幸福之人的心灵状态，标志着几乎我们所有人都从内心深处渴望成为的那种人：并不为了冒险本身而去冒险，但永远准备好为重要的

---

1　有高贵、慷慨之意。

目标奉献生命；比起寻求帮助，更愿意他人向自己寻求帮助；绝不奉承权贵，但即便对地位低下之人也有礼有节；"爱憎分明"，因为只有在意他者眼光之人才会隐藏自己的真实情感；但不背后议论他人，因为议论他人通常是消极的；除非场合合适（例如在诉讼中），否则很少批评别人，即使是面对敌人，但同样，也不过分夸奖别人。简而言之，大度意味着静穆的勇敢、自足、不谄媚、守礼节、行事谨慎、直言不讳，每个人都能带着热情和真诚去效仿这样的榜样。虽然亚里士多德是早在两千三百年以前这样描述幸福之路的，但这无损于这一说法自身所具有的启发性。

接下来就要从自我分析的视角回顾亚里士多德的所有品质和德性了。亚里士多德的清单给每个能够诚实对待自己的人都提供了自我反思的机会，正如阿波罗神庙上镌刻的箴言"认识你自己"（gnothi seauton）那样。柏拉图的老师苏格拉底也十分喜爱引用这句话。但如果你不"认识你自己"，或者不打算承认自己的缺点，例如吝啬，或是喜好蜚短流长，那么你就不要再往后读了。亚里士多德的伦理学要求对自己说出令自己难堪的事实，因为这些事实并非对你进行审判，而是为了让你**有所改变**。这种伦理学不要求你严苛地评判自己，乃至到自我鞭笞和自我厌弃的地步。

对亚里士多德而言，任何性格特征和情感几乎都是可以接受的，当然这对于健康的灵魂也是必需的，只要它们适度。他将适度称为"中间"或"中道"（meson）。亚里士多德其实从未使用过"黄金中庸"的表达，这个说法是在英语中产生的，那是他关于心灵品质和欲望的"中道"哲学原理同拉丁诗人贺拉斯《颂歌》中的一首（2.10）结合起来而产生的。贺拉斯认为，重视"黄金中庸"（拉丁语称作 aurea mediocritas）的人无须担心不得不住进豪华的宫殿或是肮脏的陋室。但是我们是不是把这种"极端之间的中道"称作"黄金的"，这是无关紧要的。

人也是一种动物，因此适度的性欲是好的。但另一方面，过多或过少的性欲都会导致不幸福。怒气对健康的人格也是必要的，从不生气的人不会永远做正确的事，因此也就不会幸福；而过多的怒气也是缺点或缺陷，是一种恶。适度和正确的时机永远是问题所在。当然，亚里士多德并没有创造另一条镌刻在德尔菲神庙上的箴言"凡事勿过度"，但他是第一个建立了详细的道德体系以供人们按照这些原则来生活的哲学家。

伦理学中最难以把握的一个部分就是嫉妒、怒气和复仇欲之间的关系，而这三者都是亚历山大最爱的史诗《伊利亚特》情节的核心。亚历山大即使在征战时也随身带着这本书，并且会和自己的老师亚里士多德花很多时间详细讨论。在这部史诗中，最位高权重的希腊国王阿伽门农嫉妒阿喀琉斯，因为后者是最伟大的希腊战士。阿伽门农公开羞辱阿喀琉斯，占有了他心爱的女奴布里塞伊斯，激起了阿喀琉斯的怒火。而当特洛伊王子赫克托耳在战争中杀死了阿喀琉斯的挚友帕特罗克洛斯时，这怒火达到了极点。阿喀琉斯要回了自己的补偿和布里塞伊斯，完成了对阿伽门农的复仇。阿喀琉斯在同赫克托耳的对决中，杀死了后者，毁坏其尸体，又在焚化好友帕特罗克洛斯的柴堆前杀死了十二个无辜的特洛伊青年，完成了另一次复仇。这是过度的报复。

亚里士多德对这三种阴暗的冲动，即嫉妒、愤怒和复仇的剖析极为深刻。他本人生前身后都曾受人嫉妒。在柏拉图于公元前348年去世之后，他成为那个时代最伟大的哲学家，但他没能被选为雅典学园的领导人，尽管他已经在那里学习了二十年。同僚们对他的天才愤愤不平，推选了另一个资质平庸的哲学家斯彪西波领导雅典学园。后来，他们又嫉妒亚里士多德无须卑躬屈膝就能从小亚细亚的阿索斯（他在那里做了两年教师）的国王们，以及马其顿宫廷那里获得赞美与支持。一位亚里士多德主义者后来在一部哲学史著作中写到，这位伟大的人仅仅"因为他同君王们的友谊和无人能出其右的作品"就引起了极多的妒忌。希腊人长于诚实地表达感情，这在今天往往是受到批评的。并非所有人都能在基督教的道德中找到办法来对抗亚里士多德所说的恶。例如嫉妒是致命的罪，而在遭受不公正的攻击时，一个好基督徒被要求"把另一边脸转过来"[1]，而不是报复。但即使嫉妒不是我们性格中的主要组成部分，我们也很难避免它。

没有人不曾嫉妒比自己富有、美貌或在爱情中更为幸运的人。如果我们非常想得到什么，却又无法仅仅通过努力获得，例如健康、孩子、事业上的认同或者名望，那么眼看着他人得到这些就是几乎无法忍受的。精神分析学家梅兰妮·克莱因视嫉妒为我们生命中首要的驱动力，尤其是在同兄弟姊妹的关系，以及社会中其他的同龄人，即兄弟姊妹的替代关系中。我们无法让自己不去嫉妒那些看起来比我们更幸运的人。在某种意义上，嫉妒可以说是一种健康的反应，激励我们去改变那些不公平。它可以是推动立法保障工作机会和报酬上的性别平等，也可以是反对社会贫富差距过大。

但是对天资，诸如对亚里士多德的理智天赋的嫉妒则会毁掉你的幸福。它扭曲嫉妒之人的性格，导致偏执；它会引来对被嫉妒之人完全不必要的攻击，在现代世界这经常以恶意的骚扰信息或是黑客攻击的形式出现。在极端案例中，如果嫉妒"成功"使天才的事业停滞，那么将会导致整个社会失去这些天才的作品。

---

1　典出《新约·马太福音》5: 39："……不要与恶人作对，有人打你的右脸，连左脸也转过来由他打。"

嫉妒的有害后果在彼得·谢弗 1979 年创作的剧本《莫扎特传》（Amadeus）中被完美地戏剧化了。1984 年，剧本由导演米洛斯·福尔曼搬上大银幕，并拿下了多项奥斯卡奖。平庸的作曲家萨列里非常嫉妒自己年轻的对手莫扎特很轻松就能创作出伟大的作品，他想尽一切办法阻挠莫扎特的音乐事业，在皇帝面前诋毁莫扎特，还企图暗中把莫扎特无与伦比的《安魂曲》据为己有。在莫扎特临终的床榻前，萨列里终于忏悔说，是自己毒死了莫扎特。这意味着，不仅莫扎特本人再也无法完成《安魂曲》，而且鉴于他离世时仅仅三十多岁，全世界或许都失去了他本可以用余生完成的众多杰出作品。

当然，萨列里谋杀的情节仅仅是虚构的（事实上萨列里似乎是莫扎特的挚友，在莫扎特过世后，他还照顾着莫扎特年幼的儿子），这部电影在世界范围内的成功表明，将嫉妒描绘为一种偏执的力量引发了不同文化的共鸣。谢弗的故事来源于俄国诗人亚历山大·普希金 1832 年的一部悲剧[1]，在普希金的脚本里，萨列里对其掠夺式的嫉妒进行剖析，并残酷而清晰地表达了出来："我要说，我是嫉妒者。我嫉妒，带着痛苦，现在我深深地嫉妒。"他只是无法接受人类社会中**自然的**不平等，有些人只是生

---

1　指《莫扎特和萨列里》。

来就比其他人更有天赋、能力更强：

> 公义，公义在何处？当那神圣的天赋，
>
> 不朽的天资，不曾回报这一切
>
> 不为热烈的爱情，不为全然的自我拒斥，
>
> 不为付出，不为苦行，不为祈祷者，
>
> 却去照亮一个疯子，
>
> 一个浪荡子的额头……哦莫扎特，莫扎特！

亚里士多德建议，问问自己是因为别人得到了不公平的社会回报而嫉妒，还是因为他们天生比你更为幸运。如果是前一种情况，那嫉妒会激励你去寻求公正和平等，但如果是后一种情况，你就要想想那个人的天赋如何实际上**提升了**你自己的生活。如果亚里士多德的学园同僚们选他来领导学园，他就能为学园带来更伟大的名声，而不是选择离开，并在适当的时候又建立了吕克昂学园和雅典学园分庭抗礼。而假若不是嫉妒心作祟，他那些如今名声十分平庸的同僚们本来也能因在他的"气场"之下实践哲学而获得更为显赫的声望。作为哲学家，他们本来应该学会享受同亚里士多德的相处，而不是嫉恨他。

怒气也同样让亚里士多德着迷。"中道"在此意味着温和、平

静或友善。亚里士多德评价说，希腊语中没有一个单词精确地表达"过度温和"这一意思。他提到"缺少血气"，我们可以称为麻木或冷漠。亚里士多德认为这是一种缺陷，"那些该发怒时却不发怒的人是愚蠢的，而不能用正当的方式、在正确的时机、持续合适的时间、朝正确的人发怒也是愚蠢的"。如果你感受不到伤害或对伤害毫无愤怒，并且从不生气，不管是为了自己还是为了朋友，这都是道德功能失调的表现。人们会认为你毫无自尊，不会为任何事挺身而出。亚里士多德说，怒气有时是道德的，也是正当的。

怒气的原因多种多样，古希腊文学就展示了数百种，从美狄亚对放荡丈夫的怒火，到强大的战士大埃阿斯在阿喀琉斯被杀后，因没能得到阿喀琉斯著名的武器作为奖赏而暴怒。但如果你时时都困于极端的怒气，你或许会被说成性情暴躁。暴躁的人会对错误的对象发脾气（如同父母把工作中的压力发泄在孩子而不是老板身上），会因为错误的理由而生气（我有个邻居，她丈夫就因为她在度假时不小心把车钥匙锁在了他们租来的车里，就整整两周没和她说话）。发脾气时过度愤怒，很快就情绪失控，或者即使得到对方的道歉和赔偿之后，还会生气很长一段时间。亚里士多德认为最后一种人是问题最大的。怒气的最佳形式是"干脆利落，用公开回击来表现自己的愤怒，然后让一切都过去"。

但是体质为胆汁质 [1]、生来就易于忧郁苦闷的人问题更严重："他们长时间地生气，因为他们让怒气积蓄在体内。"如果你感到愤怒却不表达，你就是在"强忍报复的情绪"。如果你掩藏起自己的怒气，那么就无人安抚你，"你就要花很久才能在自己内部消化愤怒情绪。胆汁质是坏脾气里最麻烦的一种，不管对他本人，还是对他周围的人"。所以要确保你承认你自己的怒气，找到真正的始作俑者，解释清楚，在一切都澄清之后向前看。很多人都觉得这很难，直到中年，他们才学会在情感方面坦诚起来。但亚里士多德知道，当一个人试图活得好时，控制自己的怒气有多么难："要确定怒气的方式、对象、原因和持续时间，以及对方的错误从何时开始是很难的。"

当我评价自己时，我发现虽然自己并未困扰于怒气或嫉妒，但我天生报复心强。过去几年间，我一直在控制这种报复欲，直到我学到了亚里士多德的一句话，这句话曾被多萝西·帕克引用："活得好就是最好的复仇。"所以从嫉妒和恶意中伤的泥潭中站起来，做个快乐的人吧！无视那些诋毁你的人，如果你尽了最大的努力，那么对你的批评就**不**是善意的。拥有真正伟大灵魂的人会达到平静的境界，这时他"不会满怀怨恨，因为伟大的灵魂

---

1 古希腊有"四体液说"，根据这种说法，人的性格是由主导自己的体液决定的，例如由血液主导的人性情暴躁，而由胆汁主导的人则忧郁、迟缓。

并不纠结于和他人的冲突，特别是他人对待自己的不公，而是会忽略这些"。另一方面，亚里士多德确实也认为，在有些时候和场合，不仅报复的**情绪**比如怒气，甚至报复的**行动**也是合适的。对于一个长期在腓力马其顿的政治气氛中生活的人来说，这是意料之中的事，亚里士多德关于复仇的洞见是坦率、深刻和极有帮助的。在《尼各马可伦理学》第四卷中，亚里士多德甚至表示，报复的情绪可以是有德性的和理性的。

亚里士多德并没有完全把报复的快感抛诸脑后，他也意识到当我们遭到轻慢时，报复往往事关恢复自己的名誉或地位。我有一位密友曾被注意到在一场工作派对中衣着光鲜地同一位帅气的男士在一起，她的前夫曾对她很不好，如今对她另眼相看，并且痛悔自己失去了她。这位朋友说，那是她一生中最美妙的时刻之一，她因此能够更轻松地前行，在新的交往中追求幸福了。但亚里士多德的观点是，**唯有**当报复能够**纠正**对方所犯的错误时，它才可能是道德的，并且让你更加幸福。纠正错误应该能帮助我们避免将来被同一行凶者以类似的方式冒犯。

当谈论纠正错误时，我们无法回避法律的问题。在严重的犯罪，例如诽谤、盗窃、攻击、强奸或谋杀中，看到加害人受到法律的惩罚，受害者和他们所爱的人都会感到自己报复的需要得到了满足，这种思想是为受害者争取权利的运动的基础，而且在美国，也是谋杀案的受害者亲属支持死刑的基础。但是亚里士多德关心的是日常的侮辱，它们虽然并非值得大书特书的罪行，却构成确然无疑的错误。

在《修辞学》第二卷中，亚里士多德将正当的怒气及合乎德性的报复欲详细定义为"一种伴随着痛苦的，对那些没有正当理由却对自己或者自己的朋友实行确凿无疑的侮辱行为的人进行报复的欲求"。没有正当理由就侮辱你或你的朋友的人往往是出于嫉妒而为之（网上对富有、美貌或成功的名人的攻击也是如此）。如果有人公开侮辱和伤害你，那么你可以要求公开赔偿。

亚里士多德的"侮辱"是什么意思？他认为侮辱可以采取三种形式：轻蔑、恶意和无礼。关于轻蔑或不尊重，他给出了两个例子，如果你也曾遇到过有人用所谓"幽默"来回避你谈论的严肃问题，你一定会对这种情绪产生共鸣。亚里士多德把这种人说成"那些以幽默的轻浮回应我们严肃态度的人"。帕特里斯·勒孔特的电影《荒谬无稽》（1996）完美再现了这种人：乡下农民因为沼泽地导致孩子感染疾病而请求修建排水工程，但法国贵族却以俏皮话来回应他们的严肃请求。我认识的一位女教授向她的人事部门抱怨说，她有个同事总是开一些性别歧视的玩笑说女性无法给自己开门。而当这位女教授要求该同事做出解释时，这位同事却指责她"开不起玩笑"。另一个有关轻蔑的例子是"有的人对待我们不如对待其他人好，这是轻蔑的另一种标志，因为他们觉得我们不值得其他人所受的那些待遇"。欺凌、迫害和歧视就属于这类范畴。任何自己孩子曾遭遇过欺凌的父母都会认为，在这种情况下，怒气及要求纠正错误是完全正当的，也是合乎德性的。

轻蔑之后的第二类侮辱是恶意。亚里士多德的例子是"阻止他人实现自己的愿望"，也就是说你的动机**不是**为你自己获得什么，而**仅仅**是阻止你所针对的人获得什么。在职业生涯中，我见过不计其数这种事。有些人无所不用其极，仅仅是为了给那些虽然和他们并无竞争关系但他们并不喜欢的人使绊。在学术圈中，"同行盲审"是指匿名评论其他学者的论文，而这让充满恶意的攻击有了正当途径。一篇负面评论可能对一些人的事业带来很不好的影响，特别是如果最后他们的文章没能得到发表的话。而在通常情况下，不公正的负面评价是毫无根据的。而且这样的机制还让那些心怀怨恨的评审者不需要为他们陈述的意见给出合理的理由。在个人生活中，女性的这种恶意行为有点像桃莉·巴顿（Dolly Parton）的歌曲《乔琳娜》中所描述的那样，歌中的第一人称"我"是一个不怎么漂亮的女人，爱着一个男人，她祈求乔琳娜"请不要只因为你做得到就带走他"。我的一位朋友曾和一位美丽的女人合住一间屋子，这个女人经常勾引别人的丈夫，这不是因为她爱他们，也不是因为她想和他们在一起，而是因为她和自己的母亲关系很差，她充满恶意地享受着剥夺其他已婚女人的幸福。

第三类也是最后一类侮辱，是无礼。亚里士多德把它定义为"一个人通过行动或言辞给受害人带来羞辱，即使这对他自己没有直接的好处，也不能补偿他什么，而仅仅是因为其中的快感"。这里的快感，据亚里士多德说，是由高人一等的感觉带来的，而这种感觉又是无礼之人通过嘲笑或虐待他人获得的。只是通过贬低他人、当面或背地里挖苦别人，无礼之人就能暂时自我感觉良好。亚里士多德显示出令人瞩目的敏锐：他发现那些需要经常批评别人的人往往不能尊重**他们自己**。

以嘲笑来诋毁他人的严肃的任何类型的侮辱都会引起人们的疑问：幽默同努力做最好的你自己之间究竟能在多大程度上兼容？如今，我们大多数人爱笑，也喜欢逗别人笑。在任何社交场合中，幽默都是一种格外有用的工具，它能让难熬的时光变得轻松，能挫败傲慢，跨越政治分歧，创造人与人之间的纽带。但欢笑是否真的始终是好事，在践行德性之人的生命中能否不受限制？一切都取决于我们的**意图**。那些打算把**一切**都变成玩笑的人一方面更关心引发众人哄笑，而不在乎"适度的界线"，另一方面也不在乎避免"给开玩笑的对象带来痛苦"。但另一个极端是郁郁寡欢的人，本质上，他们自己无法变得有趣："他们粗鄙、无礼、阴郁。"这里的中道是，可以频繁地展现幽默，但要得体且不伤害他人。亚里士多德说，真正令人快乐的幽默并不会让人觉得做作，而似乎真正是从幽默的性格中自然流露的。

有一条普遍使用的法则：只开那些你愿意别人对你开或者愿意别人当着你的面开的玩笑。想象一位来自虔诚基督教背景的年轻女性，她的女性主义思想经得起她家人的任何嘲讽，然而她父亲的宗教信仰却是神圣不可侵犯的，当他的信仰被嘲弄时，他也许会报复。关于开玩笑，关键是说那些你能接受别人对你说的玩笑话，或者说"己所不欲，勿施于人"。就像查尔斯·金斯莱的小说《水孩子》（1863）中，那两个善良的水仙子所做的那样。

《优台谟伦理学》第二卷中有一份列出了各种品质特征的表格。对其中的每一项，亚里士多德都以相应的适度作为"德性"，而如果它以过度或不足的方式出现的话，这样过度和不足的两个极端就是恶。或许他曾和年幼的亚历山大及其他孩子们坐在腓力在马其顿的美丽山谷中为亚里士多德建造的学园里，用这份列表来做性格测试，练习自我评价。你可以把它看作一张检查表，自己加以对照练习，也可以找一个你信任并且知道他会对你坦诚的朋友一起做，不是为了得分，也不做评判。

| 过度 | 适度 | 不足 |
|------|------|------|
| 傲慢 | 尊重 | 内向 |
| 放荡 | 节制 | 冷漠 |
| 嫉妒 | 义愤 | （希腊语中无此类名词） |
| 挥霍 | 慷慨 | 吝啬 |
| 自夸 | 诚实 | 自贬 |
| 奉承 | 友善 | 敌意 |
| 谄媚 | 骄傲 | 固执 |
| 操劳 | 坚韧 | 柔弱 |
| 狂妄 | 大度 | 卑劣 |
| 铺张 | 大方 | 小气 |
| 狡猾 | 明智 | 单纯 |

亚里士多德以最强烈的感情和最丰富的语言描述的德性是慷慨，其对应的恶一是挥霍，即浪费金钱，二是吝啬或曰小气。对我和我的家人来说，我个人在哪方面做得不好是很明显的，我经常被说成"太大方了"或者"对不值得的人慷慨"，亚里士多德会说我"挥霍无度"，为他人花钱不计后果，也不同我所拥有的财产相称。这不仅威胁着你经济上的自足，以至于使你的生活难以为继，还可能让依靠你生活的人也陷入窘境。圣方济各曾做出高贵之举，把自己仅有的外套赠给了一个无家可归的乞丐，但是他自己因此生病，而且差点就此无法再帮助其他人了。

在我们的文化中，最有名的"对不值得的人慷慨"的例子就是莎士比亚晚期作品《雅典的泰门》中的核心人物了。这部戏剧取材于一则古希腊故事，亚里士多德应该很熟悉。泰门是一个富有的贵族，并且过分慷慨：他帮助因欠债而入狱的朋友们清偿了债务，帮一个穷人娶到他心爱的富家小姐，还出资举办豪奢的宴会。过分慷慨让他不可避免地破产了，而那些他当作"朋友"的人都不肯在他陷入绝境时帮助他，最后他只得隐居在岩穴中，成了一个愤愤不平的厌世隐士。这部戏剧非常清楚地表明问题不在于慷慨本身，其本身是高贵的并且是一种利他的冲力，而在于慷慨容易被不忠实的朋友利用，而那些朋友不能在你有需要时给予报答。

亚里士多德花大量笔墨讨论了在金钱上的吝啬，这让我相信他应该想到了某些特定的人。是不是他的父亲老尼各马可呢？这位希腊东北部斯塔吉拉城邦的中产阶级医生，给小亚里士多德的零花钱只有他同学们的四分之一。是不是腓力二世呢？尽管他为自己修建了许多精妙绝伦的雕像、举办了无数传说般的宴会，却对给自己干活的人十分吝啬。亚里士多德用了很多贬义的古希腊习语来描述堪比查尔斯·狄更斯笔下的斯克罗吉[1]那样的古希腊人物：pheidolos（吝啬的）、glischros（有黏性的——让钱黏在

---

1  出自狄更斯小说《圣诞颂歌》（1843），为一著名的吝啬鬼。

手上）及 kimbix（守财奴）。其中最好的词是 kuminopristes，字面意义是"即使是一粒种子也要掰成两半种的人"。这个词让我想起一则民间故事中的吝啬鬼，他把茶包捞出来晾干，反复使用。我们或许永远也不会知道谁是亚里士多德笔下那个把种子掰成两半的人，但是他描述慷慨所用的各种修辞仍然适用。

与富有之人有关的视角之一当然是政治。亚里士多德并不把财富看得如何特别，如果我们真的拥有了它，就像我们偶然拥有的其他东西一样，那么它只是我们可以利用的东西，而利用有好坏之分。亚里士多德明确断言，对财富的善的利用就包括慷慨。从不给予不幸之人任何东西的大富大贵之人并不会幸福，因为他们是遵从吝啬的恶而不是慷慨的德性生活的。慷慨之人也会注意在合适的时间"给予正确的人"，会花更多时间来思考这个问题而不是关心怎么敛财。亚里士多德认为有德性的人必须保证自己的财产来源正当，但是由于慷慨之人不会因为财产**本身之故**而爱财，因此也就不太可能想要通过不道德的手段去获取财产。慷慨之人不会总是寻求他人帮助："予人好处之人，自己不愿接受他人的好处。"

亚里士多德说，慷慨同个人所有的资源是相关的。我们不会根据一件礼物的价值来评判送礼人是否慷慨，而是根据他的意图和品质。慷慨之人会认真考虑自己拥有多少，又能够在不损害自己和自己需要供养之人幸福的前提下给出多少。亚里士多德讲了一个故事，类似《马可福音》和《路加福音》中耶稣所讲的寡妇的小钱[1]：如果一个人是"从本来就不多的财产中拿出一些给予他人"，那么这"只给出很少东西的人可能比给出了很多东西的人更慷慨"。

在慷慨的问题上，快乐可以是一种德性，这一原则以一种有趣的形式出现。慷慨之人在正确的时机对正确的人采取慷慨的行动，他"带着快乐，或至少不带痛苦地"给予。如果人们出于其他理由（例如为了情感胁迫或是获得对他人的权力）才给予，那么这就明显并非慷慨了。当给予钱财时，这样的人也不会感觉到痛苦。即使这个人知道自己的吝啬不会为人所知，也不会停止给予。亚里士多德强调说，真正慷慨的人总是倾向于一种"恶"，即不计后果地将钱财赠予他人，以至于自己比接受他赠予的人还要贫穷，"因为慷慨品质的标志就是很少考虑自己"。

亚里士多德也花了很多心思来思考财产上的吝啬及其原因。"那些继承了一笔财产的人通常比自己赚钱的人更为慷慨，因为前者从不知道希求某物是怎样的感受。"我说不好自己是不是同意这一点，因为我既认识为公共事业几乎捐出了所有钱财的白手

---

1　语出《圣经新约·马可福音》12:44。

起家的生意人，也认识不止一个虽然生来就坐拥丰厚的个人信托基金，却吝啬得近乎病态的人。但是亚里士多德的推理过程相当有趣，他认为经历过贫穷的人更舍不得花钱（不像其他古代哲人认为身外之物的损失更能让一个人的精神强大，亚里士多德认为贫穷一无是处）。当他说慷慨之人既不善于赚钱又不善于理财，因此很难保持富有时，他也许是想到了一些苦行派的观点："他花钱豪爽，也不因财富自身之故而重视财富，只是将其看作赠予的手段。人们抱怨财富，是因为最应得到它的人却是最贫穷的人。但这是再自然不过的：如果你不经历艰辛，就没办法赚到钱。"亚里士多德还认为"每个人都格外珍视自己创造的东西，父母和诗人就是例证"，因此通过自己的努力赚钱的人更容易表现得吝啬。

亚里士多德说，宁可犯过分慷慨的错误，因为这个错误"可以随着年龄的增长或因为贫穷而轻易被改正"。为他人花费过多的人还能转变为只在合适的时机赠予的人，因此这种过度慷慨的人"与其说是恶的或卑劣的，倒不如说是愚蠢的"。而吝啬的人却对任何人甚至自己都没有丝毫益处，因为他们无法改变自己去实践慷慨的德性，他们永远也不会活得好，不会获得真正的幸福。亚里士多德叹息说，更多的人就本性而言就是贪婪的而非慷慨的，而贪婪似乎又有多种形式。

一种人因为年老或衰弱而吝于花钱，这是可以原宥的。另一种人却是抛弃一切道德底线，只为"攫取一切能够攫取的资源，例如黑市商人、开妓院者及以极高的利息借出少量钱款的放高利贷者"。亚里士多德可能是第一位谴责放高利贷者，以及谴责怂恿人们超前消费和负债并随后收取高额利息的信用卡公司的人。

第三种贪婪的人积累大量财富。亚里士多德举例说"攻城略地、抢劫神庙的君主们"。亚里士多德前往马其顿担任亚历山大的老师之时，腓力二世当然已经抢掠过许多城市、完成了资本的原始积累，但是这位君主通常还是小心翼翼地保持着基本的虔敬，避免亵渎神灵。即使如此，当亚里士多德和学生们一起在米耶萨的王室学园周围散步时，他还是告诉亚历山大，这样抢掠的君主的罪过远比吝啬更大，这是完全的恶。他把这些君主归于一类，他们完全不同于其他犯下轻罪的人，"比如赌徒、抢劫犯和土匪"，这几种人当然也是吝啬的。他们表现出"无耻的贪婪"，为了获利而不顾谴责。亚里士多德发现，赌徒甚至比土匪更应该被谴责，因为后者至少是从那些和他毫无关系的人那里劫掠，而前者却"从他本应给予其益处的朋友那里索取"。朋友的存在不是为了让人在财产上加以利用的，如果你榨取朋友的钱财，即使是在游戏里，他们可能也不再是你的朋友了。

亚里士多德认为野心是人的品质中最难以纠正的。事实上，无论你因野心而做什么，你都会被批评：野心似乎是品质中的一种格外模糊的元素。人们既会因为有它也会因为没有它而被称赞：有时候"我们赞扬野心勃勃的人有男子气、爱荣誉，也会赞扬没有野心的人，说他们谦逊、克制"。但是也有的时候，我们批评别人过于有野心或者野心不足："如果有人想得到超过他自身实力或者不符合他身份的认可，我们批评他野心膨胀；如果有人不关心他人的认可，即使是因为值得赞誉的原因，我们也会说他缺乏野心。"亚里士多德的"野心"是指对公众的认可及荣誉的欲求，而不是那种更广泛意义上的、值得赞赏的、对实现自身潜能**本身**的欲求。追求实现自己的潜能、将自己的天赋发挥到极致，以成为最好的小提琴手、足球运动员，或者家长、园丁、科学家，这是应该得到热切鼓励和称赞的。而妨碍他人做他们所擅长之事是由非理性的嫉妒所扭曲的野心，这是值得批判的。

棘手的一点是观察一个人对认可和回报的欲求。在一个社会中，我们确实都喜欢给予那些成功人士以名望、奖赏，认定他们与众不同。文学奖、奥斯卡、体育竞技、诺贝尔奖、册封骑士、登上《时代》杂志封面都是奖赏，对于接受奖赏的人而言，享受这种奖赏的经历并没有什么错。但是当对名望的渴求取代了对善好自身的追求时，问题就出现了，而且很容易出现。名望可以使人迷失方向，并且使人成瘾，在关涉真正权力的政治领域中尤其如此。古希腊人深知这一点：亚里士多德最喜欢的戏剧——索福克勒斯的《俄狄浦斯王》，描绘了这样一位君主，他也曾为大众的利益而努力，然而后来他还是被想要成为世界上最明智、最有能力的君主的欲望及对权力的享受冲昏了头脑。现代社会中最合适的例子是威利·斯塔克，普利策奖得主罗伯特·佩恩·沃伦的小说《国王的人马》（1946）中的平凡主角，这部小说曾于1949年和2006年被两度搬上大银幕[1]。

任美国南部某州州长时，斯塔克渐渐变得自恋、腐败，热衷于在竞赛中获得荣耀，享受通过煽动性的演讲来博得喝彩。但是沃伦在小说中强调，威利起初是一位出身于农村的律师，节制、诚实。只是当他一跃来到聚光灯下，他的全部谦逊都被想要呼风唤雨的野心压制了。负面的野心，即对荣誉的渴求，取代了正面的野心，即领导人民，代表他们的利益。我们所说的成为"名人"的欲求在现代甚至比在古希腊时更为鲜活：当然有很多没有天赋的人，他们在"真人"秀、社交媒体和八卦杂志上渴望并且（至少是暂时地）获得名声。亚里士多德可能会说这类有名人瘾的人"寻求远超适度的认可，或从错误的对象那里寻

---

1　这两部电影在国内的译名分别是《一代奸雄》和《国王班底》。

求认可"。

重要的一点是，要记住"谦逊"也能作为攻击他人，特别是女人的武器，因为历史上，女人因为野心所受到的批评远比男人严苛，看看希拉里·克林顿在 2016 年美国总统选举中所遭遇的吧。而问题其实始终是，有野心的人是否失去了他们的初心，代之以对增加个人曝光度的欲求。

尽管亚里士多德的标准十分严格，但他对确定并坚持"中道"的努力是充满同情的。在讨论德性和相应的恶时，他有不少对复杂情况的乐观描述。例如，他十分清楚童年时代的受虐经历会让做出正确选择变得十分困难。他提到一个因殴打自己的父亲而受到审判的人，那人为自己辩护说："好吧，我父亲也曾这样打我的祖父，而我的祖父也殴打我的曾祖父，将来（他指向他的儿子）我儿子长大后也会这样打我，这是流淌在我们家族血脉里的东西。"一个在暴力的家庭氛围中成长的孩子（尽管我们很惊讶亚里士多德的例子中是儿子打父亲而不是父亲打儿子）可能会发现，当一代又一代人面对相同的情况时，他们是无法控制自己的。精神病医生也很明白，在家族中蔓延的自杀现象部分是因为家庭中的先例无形中让这种做法成了相对"正常的"选择，即使是在面对短暂的不幸福时刻。

亚里士多德则说，转换思维永不嫌迟。如果你得到了新信息，或者有情绪反应表明你对情况的评估是错误的，那么不论已经迟到什么地步，你都应该改变态度或行动。每个人都曾有过让新信息或情绪反应改变自己想法的情况。我有一位朋友在生意场上有个很喜欢的后辈，虽然他不止一次听说这位后辈欺凌助手，然而一来这位朋友从未见到过后辈的这一面，二来他在两个人的关系上花了很多时间和功夫，因此他有好几个月的时间不愿正视这个问题。直到有人给他转发了相关邮件，他才不再一叶障目。后来那个后辈丢了工作。

亚里士多德明白，面对强烈的情感或欲求，要坚持德性之路是多么困难。他是感情上的现实主义者。他严厉抨击苏格拉底式的观点，即人们如果掌握了全面的信息，就不会偏离正途，也不会做出错误选择。亚里士多德坚持说，有几个原因可以解释为什么即使最严格奉行德性伦理学的人，也可能会出差错，所以我们应当对每个人怀有同情。激情、欲求、疯狂及其他影响到完美自制的因素会使所有人痛苦，破坏他们对情况的理性判断。作为医生之子的亚里士多德说："怒气、性欲及其他激情会改变身体状态，甚至引发癫狂。因此很明显，我们必须说那些失控的人只是同睡着的、疯癫的或醉酒的人一样，以同样的方式'拥有知识'。"他们的所言、所思和所为并不一致，就"好像演员在念自己的台词"。

对亚里士多德而言，偶然和暂时的失控可以解释为由痛苦、狂喜或某个滑稽的情境所引发的极端心理压力。狄奥迪克底有一部讲菲罗克忒忒斯[1]的戏剧，其中菲罗克忒忒斯被蛇咬伤后动弹不得，发出痛苦的喊叫。亚里士多德认为在这种情形下，如此喊叫是可以理解的。如果你就像克尔基翁国王[2]那样，有一天发现你父亲和你女儿（也就是他孙女）发生了性关系，并且让你女儿怀了他的孩子，那你**毫无情绪爆发才是咄咄怪事**。在最后一种可以接受的情绪失控的例子中，亚里士多德说，例如虽然努力抑制想笑的强烈冲动，最后"却像克赛诺方图斯那样爆发出一阵狂笑"。可悲的是，虽然不知道克赛诺方图斯大笑的缘由，但我们**都曾**在最不适合的场合憋不住笑：在我丈夫一位亲戚的葬礼上，请来的牧师在火葬场上所做的乏味又浮夸的致辞让我完全无法保持严肃。

即使是我们中最好的人也有失足犯错的时候，而后悔和自责对此并无帮助，重要的是继续努力。考虑到亚里士多德在别处对通奸的严厉谴责，他在此所举的例子显得十分有趣，甚至让我觉得他是不是曾经觊觎别人的妻子。亚里士多德说，极端的欲求可

---

1 菲罗克忒忒斯是色萨利的墨利波亚国王之子，著名的神箭手，在特洛伊战争中射杀了掳走海伦的帕里斯。见《伊利亚特》和《奥德赛》。

2 神话中艾琉西斯古王国的国王，海神波塞冬之子。其女阿洛佩遭祖父波塞冬诱奸，产下一子希波托翁。

能犯下通奸罪行，但是因为一时冲动、未加细思而犯下的一次过失**并不**会让一个十分忠诚的人变成我们所说的通奸者。我有一条原则是，面对这种失控的过错，通常可以给每个人第二次机会，但不会给第三次机会。人们在和他人打交道时可以犯错，但要**知道**自己的错误给他人造成的痛苦，并且下定决心绝不再犯：那些以同样的方式伤害你两次的人是本性难移的。

德性伦理学之丰富和复杂，足以让恪守的人一生勤奋不倦。亚里士多德承认，发现我们行动中的"中道"是富有挑战性的，极端的反应远比经过慎重调节的反应更容易。在《尼各马可伦理学》第二卷中，亚里士多德用几何学进行比较："善好很难达到，就像找到事物的中点很难一样。例如，不是所有人都能找到一个圆的圆心所在，只有懂得几何的人才能找到。"你可能需要学着在各种情境里找到适中的程度、适度的回应，试着做出这些反应，就像小孩子学习确定圆心的位置或是三角形斜边的长度。亚里士多德进一步说："任何人都可以愤怒，愤怒是容易的，花钱和给钱也很容易，但是向正确的对象、以适当的程度、在合适的时机、为了正当的目的而愤怒或是花钱就不那么容易了，不是每个人都能做得到。"

亚里士多德还有一些小建议，也是关于如何在不同情境中确定并更重要的是，始终坚持德性的中道。第一点是，要记住，即使是一般意义上的德性，也可能在过度的情况下变成问题。如果我们因为一种标准的德性而得到了很多赞美，要记得德尔菲神庙的箴言："凡事勿过度。"亚里士多德用了尼俄柏[1]的故事，这个妇人因对自己的孩子感到骄傲而失去了全部十四个孩子。同样，你也可能过度爱自己的父母，有个叫萨提勒斯的人就因为父亲去世而伤心得发了狂，最终自杀。

第二点是，与中道相关的两种恶中总是有一种更坏。亚里士多德认为，过分豪爽比吝啬更为可取，尽管最可取的是适度慷慨；自谦总好过自吹自擂，但最可取的是准确诚实地评价自己的成就，而不要为了寻求认可去夸大。他还用了《奥德赛》中生动的例子来加深读者们对这条原则的记忆，这一幕也是他所有学生都熟悉的。一条好的原则要"以中道为目标，也就是要避免与之相背离的极端，正如卡吕普索的建议：'你要牢牢把握船只航向，远离惊涛骇浪。'"亚里士多德有些记错了此处［《奥德赛》（12.219）］的内容，这句话实际是在奥德修斯向他的水手们转述另一位与他有私情的水中女神喀耳刻的建议时所说的话。喀耳刻警告奥德修斯说，卡律布狄斯大漩涡比附近的阴险女妖斯库拉更加危险，卡律布狄斯会吞噬船只，他的船队将会覆灭，而斯库拉

---

1　尼俄柏儿女满堂，甚至认为自己比神更幸福美满，遭到神的报复，失去了所有孩子。参见奥维德的《变形记》。

只会带走一部分人（实际上斯库拉吞噬了六名水手），但还有一些人能生存下来。斯库拉在这里就相当于过分慷慨或过度谦虚，是两种恶中的较轻者。

第三点是，找出你个人在德性与恶这两方面最容易犯的错误。我们所有人都有自己不同的情况：我有位很好的同事，从来不欺负那些没自己有权势的人，但是我们都知道他在面对比自己更有权势的人时常常表现出不必要的攻击性。在这里，我们所经历的快乐和痛苦能够帮助我们找到中道：如果我们知道自己做错了，没有找到"中道"，那么这个错误的方向往往是能让我们获得强烈快乐的。例如混乱的性关系一般就比其相反的极端，即对性的贬抑要更让人快乐。**中道**是坚持对唯一的性伴侣忠诚，这可能会让你少一些快乐，但长远来看会让你更幸福。

亚里士多德用最为诚恳正直的态度对待这类普遍经验。一旦我们发现我们正走在背离中道的方向上，那么问问我们自己正在体验何种快乐就有助于我们知道"自己必须转向相反的方向，因为我们要避开这些我们易犯的错误，才能回归中道。这也是木匠用来校直弯曲的木材的办法"。水手在不确定中道时会选择不那么危险的方向，木匠会通过观察木材自然生长的方向来修正问题。

第四点是关于如何"转向相反的方向"这一困难挑战的，这种技巧我称作"放逐海伦"。在《伊利亚特》相应的章节中，特洛伊的长者们看到海伦正沿城墙走来，他们惊叹于她的美丽（3.156-60）："难怪特洛伊人和胫甲坚固的亚该亚人为了这样一个女人陷入漫长的苦战，她酷肖不朽的女神。"和很多现代心理治疗师一样，亚里士多德鼓励我们正视我们的欲求对象，不承认自己有多想来一段婚外情或者多想喝下第五杯酒并不会有助于你抵抗这些诱惑。然而特洛伊的长者们又说："但即便她是这样美丽，还是让她登上大船离开我们吧，不要留在这特洛伊，不要在这里为我们和我们的子孙蒙上阴影。"这些长者知道，无论海伦的存在能够为特洛伊人带来多大的快乐，她都是战争之源，威胁着特洛伊人**长久的**幸福。正确的决策最有益于永远的幸福，那就是让海伦回到希腊人那里，结束这场战争。

直面能给自己带来极大快乐的事物，然后问问自己，它会如何妨碍你理性地追求幸福，这可以帮助你找到做一个好人和幸福之人的适度路线。事实上，亚里士多德建议，每当你感到自己即将屈服于某种对你毫无益处的快感时，就在心里默念这几句荷马的诗。找出你自己生活中的"特洛伊的海伦"是最有帮助的：如果你确实做到了放逐"海伦"，那么你自己的"特洛伊城"就会繁荣昌盛，而不是毁于战火。

6

意 图

亚里士多德写道："我们因他人的目的而非行动赞扬或批评他们。"有时候人们潜在的**意图**而非实际上发生的事才是首先应该考虑的。

在更为复杂的道德情境下，有些时候，如果你的意图是善的，那么偶尔使用有问题的手段来达到德性的目的是合理的。这种通过做坏事来达成善好目的的需求取决于你受到多大程度的胁迫。在胁迫之下，如果事关拯救自己的孩子免于伤害或痛苦的话，多数父母都会选择撒谎、偷窃甚至使用暴力。亚里士多德完全理解这种情况："因为人可能在被迫的情况下做出坏事。"胁迫可以有多种形式，最极端的一种是，有人以迫害甚至杀死你爱的人来威胁你。

亚里士多德举了两个简单的例子。第一个是，为了侮辱对方或是取乐而殴打他人是一种严重的暴行，但是假如是为了自卫，那么殴打他人就无可责备。第二个是，如果是为了将某样物品据为己有，从而伤害了其所有者，那么在主人不知道的情况下拿走它就是偷窃，但如果你开走别人的车是为了送一个心脏病人去医院，并且事后归还了车，那你显然不是小偷。根据拯救生命是善举的原则，你是被迫做出此举的。

亚里士多德的"高级伦理学"课程展示了三种道德困境，而在这三种困境中意图往往是行动唯一正确的指南。首先，你可以因**不作为**而做错事；其次，**说真话**不仅在原则上，而且在一般实践中都是最佳选择；最后，行动的普遍价值和公正或**平等**都需要根据特定事例中更灵活的**公正**来调和。亚里士多德强调说，即使在其他人都做坏事的情况下，个体、自治的自我也仍然保有按照德性行动的自由选择。他之所以产生这种观点，肯定有一部分原因是，他在童年和在公元前343—前336年担任亚历山大的老师期间，都在贝拉目睹了太多马其顿宫廷内的明争暗斗，权力斗争、谋杀、勒索、威胁、密谋、欺骗和疯狂侵蚀了所有人际关系。但无论如何，亚里士多德还是成功地保持了自己的正直。

或许最为困难的道德抉择就是在介入与根本不行动之间做出选择。你担心隔壁的孩子可能在挨打，你是会叫来你们区域的儿童福利机构呢，还是担心自己误会所以默不作声？你有个同事盗用公司财产，你是告诉上级呢，还是置身事外，免得被人说成告密者？这一困境在乔纳森·卡普兰的电影《暴劫梨花》（1988）

中被描绘得淋漓尽致，这部电影第一次深入探讨了被强奸并寻求法律援助的女性所遭遇的不公平待遇。四个大学生在酒吧里强奸了一个工人阶级女性，其中一个学生的朋友当时也在场，虽然在旁观的过程中十分震惊，但他并没有阻止强奸的发生。不过他还是采取了一些补救措施，比如拨打 911 报警，后来他的证词也成了案件审理过程中的重要一环。

亚里士多德是第一个认识到**不作为**与**作恶**同样可以使人做出不正义行为的道德哲学家。对此最简洁的表述在《尼各马可伦理学》第三卷中："当我们有行动的自由时，我们也有不作为的自由；当我们能够说'不'时，我们也能说'是'。因此，当行动是正确选项时，我们应该为自己采取了行动而负责。反过来，当不作为是错误选项时，我们也同样应该为自己的不作为而负责。"

比起亚里士多德生活的时代，在当代生活中，行动的选项蕴含着更大的风险。尽管古希腊就把那些伸长手干预他人私事的人称作好管闲事之徒，但实际上，总是自扫门前雪的人是会受到怀疑的。我们可能喜欢那些从不伸长脖子探听别人家事的人，但古希腊人却认为，这种与世隔绝是自私和不负责任的，也放弃了对你的共同体应负的社会责任。但在我们当代人的词汇中，即使是那些用来指代符合道德的行动，或者干涉不正义之事的词汇也总是带着贬义的色彩。具有领导力常常被说成好出风头、野心勃勃。英语中没有表达"插手、干涉"这层意思的褒义词，只有一个算是例外，即相对中性的"干预"（intervene）。相反却有大量词语让干预看起来应当受到责备（例如"瞎掺和""管闲事""狗拿耗子"），对处于较低社会地位的女性而言这个问题更加艰难，因为从古至今，人们都喜欢女人少抛头露面，最好深居简出，而不希望她们参与公共事务。

小时候，我们都面临过这样的选择：当看见"不受欢迎"的同龄人在操场被欺负时，是站出来制止，还是保持沉默从而实际上成为共犯？成年后，我们依旧时常遭遇相似的情形。当看见别的父母殴打或斥责孩子时，你会加以劝阻吗？当人高马大的壮汉随便插老年人的队时，你会选择容忍吗？当看见地铁上一个健康的年轻人不肯为一位怀孕八个月的妇女让座时呢？

要插手此类事情可能很难，因为当你插手时，一般会遭到一种标准的反抗模式，即说你管得宽，或者自命道德警察。问题在于你是更关心那些人的不良行为触犯了你自己的公平和正直的思想呢，还是更关心这些不良行为的受害者？在把道德不作为和犯罪视作同样严重的问题这一点上，亚里士多德很正确，在临终之时，让我们后悔的不会是我们做过的事，而是我们没做的事。

如今，除了在医学伦理中，停止治疗而"让"患者死去会引发道德关切的问题之外，这一至关重要的伦理原则已经鲜有人提及。如果"不作为"能减少病入膏肓之人的痛苦，那么它也是值得推崇的。但是我们现今有太多的道德准则只是关注人们是否有过失或犯了错，对公众人物更是如此。人们检视政治家所做错的事，却很少关注他们为改善受他们治理的人们的境遇**没有做哪些事**。关于政客、商业领袖、大学校长和基金会负责人**没能**做到的事、没能实施的方案，以及因此他们是如何未履行职责的，我们的质询还不够多。而在古代传统中，这样的质询很普遍，亚历山大大帝每天都觉得自己身为权倾天下的国王却没能主动去做做有意义的工作，他会懊恼地叹息说："今天我没行使自己的统治权能。"他肯定是从他的老师亚里士多德那里学到了关于不作为的伦理知识的。

自亚里士多德以降，哲学家们把关于"不作为"的讨论重心放在了一些恶名昭彰的假想案例上。例如会游泳的人不对溺水者施以援手，富人虽不采取暴力镇压叛乱的穷人，但却放任他们饿死，父母其中一方明知另一方虐待孩子却不告发。对亚里士多德主义者而言，因"无视"而作恶也包括未能履行全部责任。要理解"未主动履行责任的罪责"，最好的办法是看看法律如何界定不作为犯罪，在这一点上，不同国家的司法体系采取的立场很不相同。

尽管故意瞒报应纳税收入和财产是违法，就像故意瞒报同恐怖活动有关的信息一样，但英国法律在历史上非常不愿认定"不作为"的责任，这种法律现象也反映出英国所盛行的观点，即我们应当推崇私人生活，少管别人的事。"英国人的家就是他的城堡"，这个理想仍然笼罩在一切针对婚内强奸、虐待儿童及"家庭暴力"（这是个十分讨厌的词，因为它暗示这种暴力在本质上不同于大街上或酒吧里发生在陌生人之间的暴力）的改革法律和执法实践的尝试之上。但即使在英国，在少数情况下，不作为是犯罪行为。

基于亲近关系，我们应该对亲人负责。为人父母，如果你的孩子受到伤害或死亡，你可能被控告未尽到抚养或照顾的责任，一起生活的近亲也会因为疏于照管亲人（例如未能为受伤的亲人安排必要的治疗）导致亲人死亡而被控过失杀人。人与人之间的契约可能带来未能履行契约义务时的刑事责任，比如你被雇为某泳池的救生员，但当有人溺水时，本该当班的你却因为在门外抽雪茄而未能救他。制造危险情况、置他人于险境也可能招致指控，例如引发火灾（即使是意外的），明知屋内有人却不采取行动亦不报警，这也很容易受到指控。

不过，即使是在如此清楚和极端的情况下，偶发疏忽（即使引发了严重后果）和主观故意疏忽之间的区别也可能十分模糊，亚里士多德深知这一点。如果一位银行雇员或房东未将同恐怖主义相关的金融行为或房屋租赁行为通知警察，那么他们是有意隐瞒证据还是没空报告呢？我们如何确定，一位没有给孩子吃饭、导致孩子死亡的母亲是**蓄意**杀死他，还是"仅仅"出于疏忽大意，特别是假如这位母亲作为抚养者的能力已经被毒瘾、智力低下及心理疾病所损害呢？亚里士多德无疑会坚持认为，评判**意图**的等级很重要。但是我怀疑他也会把英国法律在不作为这方面的规定视为可悲的缺陷。例如，一个**非孩子父母**的成年人发现某个孩子（可能）受到虐待，那么瞒报这一情况是否属于犯罪，这个问题仍然悬而未决。

幸运的是，我们大多数人并不会面临这种极端情况，但是仍然有很多人因为检举揭发而丢了工作或者至少失去了晋升机会，只因为他们选择为了公共利益而将渎职之人及其行为公之于众。心脏病学家拉伊·马图博士于2014年最终打赢了控告雇主不公正解雇他的官司。由于他公布证据揭露其所供职的考文垂某医院削减经费，导致病患过多，使病患面临死亡的风险，他在八年内未能得到任何晋升机会，并于2010年被解雇。国家医疗服务体系的雇主花了很久时间企图使他停止控告，雇用私人侦探挖掘他的黑料以败坏他的名声，花费数百万镑用于对他采取法律行动。马图博士的职业生涯、收入、名声、健康和个人生活都因此受到损害。在亚里士多德所说的"不作为是一种错误"的时刻，他承担了行动的责任，他是勇敢的，值得我们钦佩。但也不是每个人都像马图博士那样无所牵挂，我们可能还有要养育的人，这让需要我们冒着丢工作的风险去坚守原则的行为变得使人不安，以至于让这种做法变得不可取。在这种情况下，我们不得不选择，让哪一种义务"有效地胜过"另外一种。

至于那些损失较少的人呢？亚里士多德坚决认为，某些善行需要社会关系、资金保证或者政治权力为其做保障。因此，如果你幸运地拥有这些来保障你的财产和人身安全，那么未能出于善好的原因去采取行动就更加应该受到谴责了。当你要评价那些巨富、公众名人、政客、贵族或是比你职位更高的普通人时，不要仅仅关注他们是否置身于麻烦之外，还要看他们向哪个慈善基金进行捐赠、出于何种原因而采取什么立场，也就是说，他们是如何**利用**自己巨大的社会优势的。有太多名声在外、能够自保的人从不为穷人、被压迫的人或生存环境仗义执言。用批判的眼光同等地思考不作为和作恶，这有助于我们更全面地评价那些想得到我们赞美和支持的人。

亚里士多德对隐藏在行动背后的意图的关注也延伸到了他在手段问题和目的问题上的立场。在一些情况下，只有非道德的行动才能带来我们想要的结果，这个观点将我们引到了哲学中最为模糊的道德领域。上述观点也常常被用于使很多军事行动正当化，例如向广岛和长崎投原子弹，数万人因此而死，但人们认为倘若不这样做，那么对日本全境发动进攻就是必要的，而后者会带来更多死亡。问题在于没有人能知道倘若不使用原子弹会发生什么。杜鲁门总统的首席幕僚、海军上将威廉·丹尼尔·莱希总结说："在广岛和长崎使用这种野蛮的武器对这场对日战争没有什么重要帮助，由于我们有效的海上封锁和利用常规武器的轰炸，日本人已经战败了，他们准备投降。"[1]

还有另一个不幸的结果：使用核武器事实上引发了冷战和军备竞赛。但亚里士多德会根据投下原子弹的潜在动机而非结果来评价这个决策。这是一项军事决策，还是一项政治决策？很多批评者认为，原子弹投向了毫无军事意义却住满平民百姓的城市。他们辩驳说，尽管杜鲁门本人可能被说服，从而意在减少总体的死亡数量和痛苦，但是在他那些华盛顿的顾问中，占上风的意图却是实地测试这项新技术（就连他们也对未曾预料到的死于核辐射的人数感到震惊），以及震慑约瑟夫·斯大林和苏联。也许，杜鲁门应该对顾问们的意图多一点怀疑。

另一个用意图来衡量有问题手段的正当性的极端例子以戏剧的方式体现在菲利普·克洛代尔导演的令人动容的电影《爱你长

---

1 William D. Leahy, *I Was There* (New York: Whittlesey House, 1950), p. 441.——作者注

久》（2008）中。茱丽特因杀死自己六岁的儿子被判入狱十五年，但观众们渐渐知道这其实是"安乐死"。茱丽特的儿子由于致命的疾病失去了行动能力，如果放任他自然死亡，他会遭受极大的痛苦，于是曾是医生的茱丽特用注射的方式杀死了他。但是她并未在审判中利用这一点，很明显，她认为自己"应当"在监狱中度过漫长的时日，即使她确实有利他的意图。不过，当人们了解了这段隐情后，她的处境便有了改善，她的妹夫曾经不愿让自己的女儿们与茱丽特有所接触，最终也敞开怀抱接纳了他女儿们的姨母。

在日常生活中需要说真话时，所有人都会遭遇手段和目的的两难局面。说谎会让我们背负压力，甚至带来生理变化，这也让测谎技术得以可能。这成为存在于各个文化中的普遍直觉的基础，即尽管在某些场合下说谎可以得到谅解，但它仍然不是最符合自身利益的。仅在极少的情况下，说谎才对你自己或是和你有关的人的幸福有益。亚里士多德的伦理学为这种直觉提供了理论支持，他关于真话和谎言的讨论是十分复杂的，他并不像柏拉图那样认为存在超验真理，也不认为真理有形而上学的状态，或者自身就是好的，但他确实认为"活得好"需要你在说真话和欺骗中做出选择并且始终坚持。

对那些"坦诚面对自己"的人，亚里士多德提出了一个令人瞩目的说法，authekastos，其字面含义是"如其所是的人"。这些坦诚对己的人有恒常一致的品质，自力更生，对任何人都一视同仁，也不会过分在意别人对自己的评价。在这点上，他们很像是理想的"拥有伟大灵魂的人"，这种人公开表达对他人的喜欢或厌恶，"比起他人的意见来说更关心真理"。如果你知道没有任何邮件、推特或者脸谱消息会让你在人前感到羞耻，那你在晚上就能睡得更好点。对所有人都说同样的真话给记忆施加的压力远比费力记住对谁撒了什么谎要小得多。在必要时，坚决不对任何人说出或写下任何你不打算公之于众的东西，这种做法是十分明智的。我有个同事在酒吧里对另一个同事批评上司，那位同事听完后威胁说要把这些说给那位上司，而这位批评上司的同事让他尽管去说，因为她还曾当着那位上司的面用更为严厉地措辞批评过后者。

根据亚里士多德的观点，一个努力活得好的人会在重要的事物处于危急关头时讲真话，例如在法庭上的言辞就比朋友、家人之间的对话更为严肃和重要。如果你在这些重要的情境下说谎，那么谎言很可能成为你行真正不义之事的工具。对亚里士多德而言，不义同不公正是不可分割的。比方说，如果建筑工坚持要雇主按工期而不是固定造价来付费，而明知需要八周时间，他却按四周报价。另一方面，雇主也可能欺骗税务部门，以便逃避他本该为建筑工的工钱缴纳的税款。这两个例子中的谎言都比一般的谎言更加恶劣，它们构成了更为严重的不义行为的重要部分。这些谎言是不仅对他人，而且对共同体利益整体都造成实质性损害的行为的一部分。

亚里士多德不仅关注面对紧急事态时讲真话的情况，也同样关注作为生活方式的讲真话。他深入研究了说假话来自我标榜的人（自我标榜是古希腊的男子气概中十分明显的特征，而对自己的成就进行适度的自我标榜或夸张，这种行为在《伊利亚特》中已经多有讨论）。如果自吹自擂只是在酒吧里同旁观者或是不那么熟悉的人喝啤酒时的自我展示，那其中即便包含一些谎言也不会造成损害。但它也**会**造成严重后果，没有人愿意由一个谎称拥有外科医生资格的人给自己做手术。但亚里士多德更着迷于那些自吹自擂、积习难改的人所说出的明显无伤大雅的谎话："为了无足轻重的小事而吹嘘自己有超过实际情况的卓越品质，这种人是可鄙的，若非如此，他们就不会从谎言中获得乐趣，这似乎是不必要地蠢而非坏。"

亚里士多德认为，在高尔夫球场上声称自己的差点 [1] 更低，

---

1　差点：差点指数的简称，是衡量高尔夫球员在标准难度球场打球时潜在打球能力的指数。它是一个保留到小数点后一位的数字，是一个国际通用的技术标准。——编者注

或是在职场上吹嘘自己有更高的职位，诸如此类的谎言是应该受到谴责的，但并非严重的罪行。但第三类吹嘘的说谎者是完全应受责备的。这些人说谎或是**意图敛财**，或是意图获得敛财手段。这已经不仅是自吹自擂之辈惯于轻微夸大事实的问题了，这是**经过筹划后的选择**。亚里士多德察觉到，一些人如此行事仅仅是因为在金钱方面操纵他人的权力能给予他们刺激（"这样的人从谎言本身中获得乐趣"），今天我们会说这些是"病态的"骗子。而其他说谎者仅有的动机则是贪婪或对攫取的爱好。当他们告诉老人说自己来检查电表时，这时他们是在**说谎**，然后当他们偷了老人的银烛台悄悄离开时，他们就是在**犯罪**了。

但是亚里士多德是否相信，真话因其自身之故就是好的？他**并没有断言**说，一个努力活得好的人**永远不**需要说谎。亚里士多德的态度更为实际，说真话是理性的利己主义。例如，他详述了这个观点，一个因为品质真诚在日常生活中诚实待人的人在真正重大的情况下是更为可信的。"因为一个热爱真理的人即使在没有紧急事态时也会说真话，那么当情况危急时，他会更为诚实可信。当说谎不体面时（即因为情况危急），他就不会这样做。"如果你习惯说真话，那么当你或他人面临紧急事态时，你说真话的概率就更高。如果你以说真话而闻名，那么将来你会得到回报，因为他人会在必要时相信你的话。

由于意图必须是我们评价任何行动的因素之一，因此在一些情况下，有意说谎不但是可以原谅的，而且还是必要的。罗伯托·贝尼尼导演并主演的意大利电影《美丽人生》（1997）就探究了这个问题：在集中营里，一位犹太父亲圭多为了尽可能让他的小儿子约书亚活下去而持续编织谎言。圭多告诉儿子他们是在玩一场游戏，他必须完成任务获得点数，这些任务包括不要食物、不哭、不吵着要见妈妈，而避免引起守卫注意还能得到额外奖励点数。这个谎言让小男孩免于遭受大部分痛苦，并最终从集中营里生还。

小孩子在三至四岁时就学会了为他们认为符合自己利益的事说谎，这里的关键在于告诉他们要考虑外在条件，对那些真正关心他们利益的人撒谎是**没有**好处的，但是对那些想损害、控制或侵犯他们的人说谎也许会有益。亚里士多德会完全理解，我自己所说过的最大谎言就是完全可以被谅解的，那是为了在伊利诺伊州教育委员会的疫苗项目中保护我的孩子。我详细地了解了官方的要求，并且确定我的孩子们在入境美国进行为期一学期的逗留之前已经注射了所有需要的疫苗，也有医院的全部文件来证明这一点。但是当我们去学校招生部门办手续时，负责的护士却说我们注射的英国疫苗在这里不起作用，因为根据当地法令，不同疫苗之间的间隔期和英国要求的有细微差别。我们被告知，要么就让孩子们把所有疫苗再全部接种一次（这肯定会对孩子造成伤害），要么我待在伊利诺伊州的这三个月时间里，孩子们无法上学。当我发觉一切理性的争辩对这位护士都无用时，我假装突然皈依了一个宗教派别"耶和华见证人"，该教派禁止医药治疗。我对这个教派的了解不足以让我做出坚实且有说服力的辩护，但此时乌尔里希·茨温利[1]的名字奇异地闯入了我的脑海（我想可怜的茨温利那强硬的瑞士新教思想同疫苗接种并无关联，但在那个时间点上，这并不重要）。我的丈夫见证了我所做的一切，并且紧跟着声称，他也是一名坚定的茨温利派，憎恶对出于上帝的意志的创造物即我们的身体的任何人为干预。如今在伊利诺伊州的某处仍有我们夫妇签署的文件，我们在文件中坚定不移地断言这些臆造的宗教禁令。那位护士对此感到恼怒，但别无他法，只得允许我们的孩子们立即入学。

问题的关键是手段和目的。当然，医疗负责人并不打算让我的孩子进行不必要的二次接种，也不打算剥夺他们三个月的受教育权，但是她没有运用自己的自由裁量权，在官僚主义的鼠目寸光下，她甚至都没有看我从英国带来的那些接种证明，她也同样不肯想想，这么一条对国际学生没有任何预案的规则是否有什么

---

1 瑞士基督教神学家、宗教改革家，新教运动的倡导人。

可以通融之处。

在绝对统一的伊利诺伊州公立教育系统规则面前，这位护士死板的态度表明，她重视平等原则，但却无视公正原则。如今，除了在法哲学专家圈子内部，人们已经很少理解和讨论公正了，但公正对正义来说是关键的。在《尼各马可伦理学》中，亚里士多德在处理正义问题时有关于公正的经典讨论。他说："公正虽然是正义的，但并非法律上的正义，而是对法律正义的矫正。"公正并不能代替法律正义，而是加强和补充之。亚里士多德说，法律必须做出一般性陈述，但是"总有些案件是一般性陈述未能囊括的"。人类伦理抉择的庞杂现实显然无法仅仅用预先给出的法律武器来处理。法律的制定是通过考虑大多数案件的适当处理方式来进行的，而这就必然导致在少数案件中法律产生不正义的可能性。我们需要公正，因为生活纷繁复杂，应对那些做错事的人，我们必须根据具体情境来修正法律。

亚里士多德承认，人们可能因为任何理由而犯错误。有时候这些错误是故意的并且完全是有过错的，但也有些时候，还要考虑一些重要因素，比如潜在的意图。在上文提到过的《爱你长久》中，朱丽特通过对自己亲手杀子的真实理由保持沉默，来拒斥法官和陪审团在给她定罪的过程中诉诸公正的权利。在心理上，这是因为她对自己"过分严苛"，她甚至拒绝**自己应得的公**

正，而是相信在自己特殊的案例中，因杀子所受的惩罚是适当的。还有一些可能引发轻判的条件，包括违法者的贫穷、年老、智力低下、缺少教育、难以节制强烈的欲求和情感、健康状况、悔过程度及再犯的可能性。为了解释何为公正，亚里士多德使用了他最好的类比之一，应用那些经由公正调和后的事先存在的法则，就如同使用可以弯曲而非笔直的尺子丈量一块石头。他说，莱斯博斯岛上的石匠们用铅制的软尺来测量石头的表面曲线，他们采用事先规定好的度量单位，但得到的却是更为准确的读数，因为软尺可以在石头上弯曲，"屈服于"石头的曲率，正如好的法官在普遍原则的基础上，根据具体道德情境的种种细节来塑造法律。

亚里士多德的"铅尺测量法"对当下仍有重大启示。在我们当下的生活中，"前提"往往凌驾于一切，规则、法律、政策乃至家庭传统都不得不让位于一种不可更改的统一性。这不可避免地导致**削足适履**取代真正的公正，而前者才不在乎它所导致的不公正和其他负面影响。

在亚里士多德的时代，传统宗教认为惩罚必须严格照章执行。最早用来指代正义的词语是 dike[1]，法律由最高神宙斯执掌，

---

1　Dike（狄刻）是希腊神话中的正义女神，也是维护道德秩序和公正审判的神，守护社会律法和习俗。Dike 的字面意思即为"正义"。

在悲剧中，正是狄刻（Dike）认为奥瑞斯提亚**必须**杀死谋杀亲夫的生母，而不顾及事件的复杂性。[1]索福克勒斯悲剧中的一个角色坚持认为，神明"既不知晓公正亦不支持公正，只关心严格和朴素的正义"。在现代社会中，说到既成问题又僵化死板的规则，最清楚不过的例子就是法定刑期，这一刑期不允许法官根据公正的原则来考虑缓和情形和调整处罚。这一点有时候反过来导致陪审团即使明知嫌疑人确实犯下罪行，也拒绝做有罪判决。

数年前，在英格兰的一起案件中，嫌疑人承认杀死了一名男子，这名住在邻街的男子谋杀了嫌疑人的女儿，陪审团尽管知道嫌疑人承认自己杀人，也仍然认定他无罪。重点在于，在第一起谋杀女童案中，由于警方调查中的失误和物证不足，法庭无法判决杀死女童的男子有罪并判处其终身监禁，失去女儿的父亲因此认定自己必须"亲手裁决"嫌疑人。这些陪审员们对一般规则应用于具体案件时可能导致的不公正有所警觉，并因此运用了集体理性，他们公正行事，运用自由裁量权防止不公正的产生，而这种不公正是制定与谋杀相关法律的人未曾预见到也不想看到的，即一位失去女儿、对无能的监管绝望的父亲被送进监狱。公正是

---

1　见阿伽门农三联剧《奥瑞斯提亚》和索福克勒斯悲剧《厄勒克特拉》。迈锡尼国王阿伽门农为祈求特洛伊战争顺利，以女儿伊菲革涅亚献祭，其妻王后克吕泰涅斯特拉为此怀恨在心，联合情夫埃吉斯托斯谋杀阿伽门农。阿伽门农之子奥瑞斯提亚受复仇女神指引，为父报仇，最终杀死克吕泰涅斯特拉和埃吉斯托斯。

正义这个整体不可或缺的一部分。

亚里士多德用来指代公正的词语，epieikeia，其语义概念的词根为 eikos，意为"可信之物"或"合适之物"。刑罚应该同罪行相适合，而不是反过来让罪行适合刑罚。后者的例子就是希腊神话中的普罗克鲁斯忒斯的受害者们[1]，为了让每个人适应自己那张"只有一个尺寸"的床，普罗克鲁斯忒斯将他的受害者们或拉长或截短。但到亚里士多德的时代，希腊人经常把 epieikeia 同另一个动词联系起来，这个词的意思是"屈服"或"让步"于某人或某事。也就是说，那时"公正"大体是同宽容精神，或鉴于值得宽赦的情况，怀着仁慈之心向重刑犯"让步"等联系在一起的。不过，在公正概念的法律史上曾有一个案例援用了亚里士多德的观念，然而这个案例关注的是由法律没能对重刑犯设置足够的**障碍**所引发的问题。

1880 年，弗朗西斯·B. 帕尔默立下遗嘱，将大部分资产留给孙子埃尔默。弗朗西斯的女儿应当保管这笔钱至其子埃尔默成长至继承遗产的年龄。在埃尔默十六岁时，由于担心祖父更改遗嘱，他干脆毒杀了祖父。尽管埃尔默能以谋杀罪被处刑，但该州

---

1 普罗克鲁斯忒斯是希腊神话中波塞冬的儿子、阿提卡地区的铁匠和强盗，他在从雅典到埃琉西斯的路上开设旅店并邀请过路者前去投宿。他有一张床，身高同此床不相等的投宿者，矮者被他拉长，高者被他截短。

（纽约州）没有相关法律阻止他在期限到来时继承那笔遗产。埃尔默的母亲于1889年在民事法庭上提出了遗嘱的不合理之处，多数陪审员的裁决都根据亚里士多德对公正的要求选择支持她，埃尔默的母亲赢得了官司。

当然，反对公正原则的最重要论点是，我们不能必然依赖于能应用公正之人的正直和自由裁量权。如果人们怀着促进平等的意图制定法律，我们就需要在赋予其灵活性时格外谨慎。17世纪的议会党人、历史学家约翰·塞尔登对此的说明再好不过了，他认为公正"捉摸不定，取决于司法官的良知"。塞尔登指出，我们不会用现任司法官的脚做长度单位，因为司法官们的脚大小各不相同，"有的大些，有的小些，还有的不大也不小。司法官的良心也一样"。但是亚里士多德会回答说，不能仅仅因为一些人无法满足公正要求的道德责任就无视真正的正义带来的种种益处。他对自己的论述进行总结，强调公正就像筹划能力一样，是人的一种出众品质，古代神话中独断专行的诸神既不理解亦不欣赏这种品质，自然会认为它荒谬可笑。

如今，如果我们涉足义务陪审，不论作为法官、教师、考官，还是在任何需要我们决定授予荣誉、惩罚过失或评价能力的岗位上，公正这一强有力的工具无疑都能提供帮助。对父母，特别是需要应对数个孩子的要求和需要的父母而言，在家庭中应用公正很重要。我们或许相信，如果有两个孩子，我们肯定会把财产平均分给他们，但是假如其中一个孩子有严重生理缺陷，一生需要特殊护理，而我们又决定要妥善照顾两个孩子，那么我们可能就会明白，真正公正的方案会考虑不同孩子的不同情况。女性主义哲学家们最近有种观点就源自亚里士多德的公正，这一观点发展了社会政治和家庭层面上的"母性思维"。不同的公民都**需要**关怀，而且是以不同的方式关怀，而一个社会如果给每个公民分配完全相同的资源，就做不到真正的公平，即根据个人需要分配。

生活中的选择大多不易，但是在正义和平等面前，给我们的目标加上公正，会让我们在于日常人生伦理的密林中奋力寻觅可走之路时获益良多。

7

友　爱

幸福总是受到人际关系的影响。爱或许不是唯一使人类"世界运转"的力量，但它肯定是最重要的力量之一。爱谁，如何爱都是我们在生命中的某些时刻里需要选择的，尽管在成年之前，我们对直系亲属的选择很少，但就算小学生也要选择和教室里、操场上的哪些同龄人交朋友。在青少年早期，随着我们学会在家庭之外建立亲密关系，密友开始变得极其重要，然后是发现性和浪漫之事的乐趣，最后是初次"爱情"关系，像英语表述的那样同某人"**坠入爱河**"。

但是，建立爱的关系仅仅是故事的一部分，而每个人早晚要思考的是何时结束一段亲密的友爱关系，或者至少让它从亲密降到一般的社交关系。我们中很少有人直到中年还不曾同所爱的人——即使同父母、孩子或兄弟姐妹也没有过——吵架争执。而以为是一生的朋友也可能被证明并不忠诚或是在利用你。婚姻和同居关系中有一大部分以离婚或其他类似结局而告终。那么，我们如何在与他人的亲密关系中让自己获得幸福的可能性最大化呢？

虽然亚里士多德承认性的力量，但他关于友爱（philia）和人际关系漫长而详尽的论述"现代"得令人惊讶，这是因为他不认为性关系在本质上例外于或在性质上不同于别的友爱关系。涉及性的关系只是 philoi 这个大类别之下的一个分支，philoi 这个词往往被翻译成"朋友"，但这大大削弱了其本意，同样的基本原则同时适用于性的（比如婚姻或类似的关系）和不涉及性的朋友关系。一切同我们所爱之人的关系都需要用心维护，但其回报会十分丰厚。

亚里士多德视友爱为人生的必要之物。很多人赋予一切神秘地、自发地产生的友爱一种梦幻色彩，但亚里士多德知道这是需要付出努力的。他关于人类社会的叙述始于最基本、"最自然"的伙伴关系，即婚姻。这是友爱的一种极为强烈的形式，存在于你和同你结婚或选择同你永远生活在一起的人之间。亚里士多德想象了一对异性夫妻，他们为了互相扶持走到一起，又在能力上互补。为了人类种族的延续，他们也需要彼此，"无论是没有男人的女人，还是没有女人的男人都无法实现这一点，这就是两性结合产生的必然性"。他没有探讨过同性结合，但当然也不曾谴责他们。他并未支持阿里斯托芬在柏拉图的《会饮篇》中的发言：人按照其爱欲有三种结合方式：女人和男人、女人和女人，以及男人和男人。亚里士多德并不是要说这三种方式中的哪一种本质上是错误的，而是认为在家庭之外，任何形式的**过度爱欲**[1]在社会意义上都是不稳定的。但他以赞许的口吻讲述了同性情侣菲洛劳斯（政治家）和狄奥克勒斯（奥林匹克大会的赛跑冠军）的浪漫故事，这对情人在历经患难之后长眠于忒拜城附近两座相邻的坟墓中。

鉴于以上两段，几乎不会有人再怀疑，倘若在今天，亚里士多德会对同性伴侣关系持开放包容的态度。他坚信，最基本的伴侣关系远超性和繁殖。他说，在那些远不如人有智慧的动物中，这种基本的依存关系只存在于繁殖时期，并且"仅仅持续到父母完成哺育后代的任务为止"。在更复杂、更像人类的动物中，伴侣关系也采取了更为复杂的形式，人们能看到互助、善意和合作的例子。但是这种复杂性还是在人类身上体现得最为淋漓尽致，不管肉体关系如何令人快乐，人类伙伴之间的合作关系都远远超越了这一层面，因为人类的联系"不但为了生存，更是为了幸福地生存"。

亚里士多德的伦理学中少有硬性规定，但是他确实认为通奸

---

1 此处作者用词为 amorous love，amorous 偏重含有欲望的爱，故译为"爱欲"。

是不可接受的。原因在于，通奸是欺骗配偶或伴侣，也就是损毁了信任，而信任是一切令人满意的友爱的基础。亚里士多德坚持说，通奸同盗窃和谋杀一样是群起而攻之的："此类事件中的正确与否并不取决于环境，例如某人是否在正确的时间、同正确的女人、以正确的方式通奸。这类行为本身即是错误的"。亚里士多德关于亲密友爱的一切表述都同样适用于婚姻关系，因此，他也就为婚姻以及一生的伴侣关系提出了大量间接的建议。对他而言，婚姻同其他类型的友爱唯一（当然也十分重要）的区别就在于它增加了抚养共同后代的强度和共有的投入。这也同样适用于亲密的血缘关系，例如父母子女、兄弟姐妹之间的关系，这类家庭内部关系同你和"外人"间的友爱仅仅在程度和强度上有所区别。

在这里想想亚里士多德自己的生活也很有启发性。亚里士多德年少时失去父母，而在第一任妻子皮西亚丝去世之前和之后，他都度过了很长时间的独身生活。他同皮西亚丝的女儿，也叫皮西亚丝（下文统称小皮西亚丝）生活在一起。在经历了若干年鳏居生活之后，亚里士多德在晚年时再度觅到幸福，同来自他家乡斯塔吉拉的女人赫庇丽生活在一起。他们并未结婚，这表明赫庇丽是奴隶或地位低下的非公民阶层。但他们确实育有一子小尼各马可，《尼各马可伦理学》就是献给他的。亚里士多德还收养了自己姐姐的儿子，也即他的外甥，尼卡诺。而他的遗嘱和遗言表明他是多么尽心尽力去保护赫庇丽和三个孩子的利益。此外，亚里士多德还以极大的热情交到了很多忠诚的朋友，尤其是阿索斯王国（在今土耳其西北部）的君主赫米亚斯，离开雅典学园后，亚里士多德在那里生活了两年，和他一起的还有他的同僚、帮助他建立吕克昂学园的塞奥弗拉斯托斯。当亚里士多德写到家庭关系和友爱关系时，充满洞见的细节表明他的写作源自其个人经验，而他的经验中既有成功的关系也有深深的失望。

在脸谱时代，我们轻率地使用"朋友"一词，使得这个词语贬值。爱炫耀的人在社交媒体上将许多他们不打算见到但他们自己以"粉丝"身份去关注的人视为"好友"。因此，回过头来阅读亚里士多德在《尼各马可伦理学》第八卷开篇中对真正的、满怀爱意的友爱的赞美，是十分富有启迪性的：

> 友爱是生命中最不可或缺的需求之一，没有人会希望拥有其他一切美好之物，却独独缺少朋友。对年轻人，朋友让他们少犯错误；对老年人，朋友照顾他们、弥补他们在行动力方面的不足；对中年人，朋友可以帮助他们成就善好之事。

我们的一生都受益于爱我们的人，对亚里士多德来说，"爱我们的人"是指那些把我们而不是他们自己的最高利益放在心上的人。这种慷慨的爱是植根于天性的："父母子女之间的爱似乎是天然的本能，不只是人类，就连飞鸟或其他大部分兽类亦然；在同类生物之中，个体间的友爱同理。"这一点十分重要，因为常为亚里士多德所赞同的同代人、犬儒派哲学家第欧根尼就认为，人与人之间的纽带是对自然的**背离**，这一点在动物界是找不到的。然而亚里士多德深入研究了各种动物，是动物学这门学科公认的奠基人。他回应说，友爱的纽带**是**自然的，而唯一的区别是，同种生物之间的善意，例如狗之间和鸟之间的，"在人类身上**尤其**强烈，这就是为什么我们会赞美那些爱自己同胞的人。即使出国旅行，人们也会察觉到人与人之间普遍存在的吸引力和友爱"。我们都曾体会过认出同胞时的惊喜之情。对我来说，那是在雅典同一位索马里妇女的邂逅，虽然彼此语言不通，但她仍帮我把婴儿车抬下拥挤的公交车，并且对我的孩子露出愉快的笑容。

亚里士多德对友爱的研究是希腊文化中前所未有的，也比之后出现的所有同类理论都更为复杂深入。这是因为亚里士多德认为友爱有三种基本类型，我们需要思考每一段友爱属于其中哪一类。这个方法能帮你摆脱那些只想利用你的朋友，放下一段业已结束的友情，帮朋友做出更好的选择，以及更好地维持更有前景的友情。若朋友不幸早逝，而双方都为了这段友情付出良多，你会更加感到遗憾和难过。就像德瑞克·沃尔科特[1]在其动人的诗作《海甘蔗》[2]中所写：

> 我的朋友半数都死了。
>
> 我会给你造些新的，大地说。
>
> 不，还是把他们还给我，像从前一样，
>
> 带着缺点及一切，我哭叫。

亚里士多德同意这种说法。他认为亲密且长期的朋友之死绝对是人无可避免的、最为艰难的遭遇之一。但相对地，认清你失去之物的分量能让你更深入地理解你所拥有之物，并会帮你更好地经营未来新的友爱关系。

一些友爱关系，可能是大多数，只是对我们有用。动物也会因为功利而交友，例如家养动物和人之间。两只动物甚至是不同物种之间也可能存在友爱。亚里士多德说，鹬帮助鳄鱼清理牙

---

1　德瑞克·沃尔科特（Derek Walcott，1930—2017），圣卢西亚诗人，凭借长篇现代史诗《奥麦罗斯》获诺贝尔文学奖。

2　本诗标题及正文转引自《德瑞克·沃尔科特诗选》，傅浩译，河北教育出版社，2004 年版，个别词句有所改动。

齿，而鳄鱼反过来为鹬提供了食物。功利型友爱并无不妥。你为我行方便，我也会这样做，比如在你生病时开车送你的孩子上学。你和你的朋友都在这段关系中有所收获，这是一种社会交换。

邻里之间的友善也可能以同样的方式有益于双方。其中一个人出门时，另一个可以帮忙看家，或者双方帮着照看彼此的宠物，你们可以带回对方没时间取的快递，还可以分享与你们有关的本地新闻。信任十分重要，假如你发现这个"功利型朋友"不靠谱，那么不再付出也就是正当的了。例如，如果你的邻居让你的仓鼠挨了饿，你用不着为此伤害他们的猫，但你可以绝不再答应照顾它们。

很多功利型友爱都建立在相似性的基础上。与在这个世界上和你有着相似需求、资源和地位的"同僚"（同班同学、校友、同事、和你一样的新手父母）培养友好关系很有用。由于你们是同僚，这种关系也就往往建立在平等的基础上，没有哪一方更强势，而你们双方希望从这段关系中获得的东西也是基本相同的。亚里士多德讨论友谊时还包括了我们同外国友人的联系，这些友人可以在我们前去游玩或办事时帮上忙，而他们来时，我们也同样会帮助他们。功利型友爱从根本上来说是一种实用性安排，它甚至不需要花很长时间和朋友在一起。亚里士多德注意到，这种友谊在年纪较大的人中更为常见，这些人在实际生活中比青壮年更需要帮助，但又常常并不喜欢功利型朋友的陪伴，"因此，除非他们能够互利互惠，否则朋友间的交往对他们并无用处"。

还有一种功利型友爱存在于并不相似的人之间，亚里士多德对这种不对等的友爱所伴随的压力很感兴趣。你可以同你雇来照顾孩子的保姆建立"功利型"友爱，或许你们还会彼此喜爱。但你付给他们的东西（往往是钱）同他们带给你的东西（照管孩子）是不一样的。作为教师，我和我的本科生之间也存在"功利型"友爱。由于我更加年长，又是在帮助他们成长，所以这种友爱经常类似父母和子女的关系。但这种关系中也包含金钱的方面，说到底，想来听我课的学生们支付了我的一部分薪水。尽管某种交易构成了功利型友爱的底色，但我们还是能够在信任的基础上产生对彼此的喜爱，只是无法期待超出这种双方都认可的交易范围之外的支持。很多功利型友爱的破裂都是因为其中一方想要把这段关系带到另一个层面，最后又因为对方不肯同他们睡觉，或不肯给他们借钱，或不愿开车送他们去康复中心而失望。

亚里士多德正确地认识到，功利型朋友或许不会有多么了解彼此，而这种友爱经常由于双方生活的相似性消失（比如你离开了学校、大学、公司，或是某个育儿群），而在未曾遭遇困境的情况下结束。亚里士多德记述了中途结伴而行的旅人们，他们"为了一些好处，比如获取必要的补给"而同行，尔后分开，并没有给彼此留下创伤。作为社会动物，我们生命的很大一部分都为这种功利型友爱所占据，但这种友爱同样有基本规则，最重要的是不要传播负面的流言，不在同伴圈子里背后中伤他人。当有人说了这种话时，只需要改变话题就可以。而毁掉功利型友爱的方式也有很多，对对方期待过高，在对方并无此意时强行表示亲密，或是"过度分享"，即过分地向对方倾诉你的个人生活。

亚里士多德提出的另一类友爱是建立在愉悦基础上的。当双方从这段关系中的收获相似时，这类友谊就能长久维持。亚里士多德举了一个例子：两个聪明人因为能够逗乐彼此而喜欢相会。可能与一些朋友在一起会使你沉迷于对戏剧、音乐会或赛马的热情之中，而另一些朋友则让你能和他们一起喝一杯，但这不表示你能要求他们在生活的其他方面帮助你，也不表示你对他们承担什么义务。年轻人经常把他们体验的这种强烈的喜悦之情误认为是对方和自己有相同的道德感和忠诚度的标志，很多极富魅力的人作为愉悦型朋友能极大提升你的生活品质，不过也仅限于此。亚里士多德十分正确地指出，年轻人是最易受这类快乐的友爱影响的：

就年轻人而言，交友的动机似乎是快乐，因为年轻人以情感主导生活，多数情况下追求使他们感到愉悦的对象和时刻。并且，使他们愉悦之物随着他们年龄的变化而改变。因此他们迅速地开始又结束一段友爱，这是由于他们的喜爱之情随着带给他们愉悦之物的变化而不断改变。

亚里士多德将短暂的谈情说爱仅仅看作愉悦型友爱的一种，这种友爱也在年轻人中最为常见，而年轻人之所以如此善于发展这种愉悦型友爱，是因为他们爱好交际、易感情用事。在这种友爱中，双方的快乐往往是不对等的："通过爱欲的注视获得的快乐不同于从注视所爱者脸庞中所获得的愉悦。"

问题在于，如果友爱建立在对外在美丽的欣赏之上，那么它也会随着外表美的消失而终结（我们都听说过妻子们，甚至还包括丈夫们，在容颜不再后被抛弃的故事）。但是，**假如**这种关系能发展为一种更为对等的、基于对彼此品质的欣赏的关系，那么其中就还存在希望。亚里士多德承认这种事确实会发生，但只有在双方具有同等的道德价值时。你应该找一个因为你恒久的品质而爱你的人结婚，并且自己也以此作为择偶标准。令人惊异的是，仅有极少数伴侣在步入一段严肃的关系之前曾真诚地交流过他们对未来的设想。如果你的目标包括养育孩子，那么同一个全无此意的人成为伴侣就几乎没有意义。如果你极专注于事业，那么一个不接受你在工作上花费大量时间精力的配偶也是无所助益的。

这就是包办婚姻经常奏效的原因，因为承诺和共同的规划是双方正式协议的一部分。在 2015 年最受欢迎的电视真人秀《大英烤焗大赛》中，娜迪雅·侯赛因讲述了她十九岁那年，在双方父母的安排下，她同现在的丈夫结了婚，而自己又是如何慢慢地爱上他的。直到她生下了两个孩子，并且意识到他们一家是多么融洽时，她才察觉到自己对丈夫的爱。她近距离观察丈夫的为人处事，以及他成为父亲之后不变的道德品质。在理查德·阿滕伯勒（Richard Attenborough）的传记电影《影子大地》(1993)中，作家 C. S. 路易斯（C. S. Lewis）和乔依·戴维德曼（Joy Davidman）之间强烈的爱也是这样。一开始，他们结婚是为了方便美国人戴维德曼在伦敦定居，但是随着交往的深入，他们逐渐意识到他们之间有那么多共同的爱好和价值观，而且这段关系也正让他们的生活变得更加丰富。

不论功利型友爱还是愉悦型友爱都是积极的，能够改善生活，虽然亚里士多德确实承认，坏人也可以拥有这两种友爱：做了坏事的人在法庭上互相包庇、一起寻求不道德的娱乐消遣。但这类次一等的友爱需要我们**在其自身的限度内**培育它。若要功利型友爱欣欣向荣，那你就要按照对方的需求做好自己分内之事。而这同样适用于建立在愉悦基础上的友爱：如果有的人喜欢和你在一起是因为你们都喜欢黑色幽默，那么对着她哭诉、指望她给处于沮丧情绪中的你一些帮助，可能反倒让她不再想和你做朋友。（当然，亚里士多德警告说，对外表现出阴郁乖戾的性格可能让你很难交到朋友，"秉性温和和性格外向看起来是友爱的主要原因"。）

亚里士多德就功利型友爱和愉悦型友爱总结道，这两种友爱都容易终结："当双方自身发生变化时，这种友爱就很容易破裂，因为当他们不再对彼此有用或能取悦彼此时，他们也就不再喜欢彼此了。功利并不是不变的品质，而是随时间变化的。因此，如果获得友爱的目的不再，友爱本身作为达成那个目的的手段也就瓦解了。"但是**假如**双方都不自欺欺人地认为这段友谊有更深的意义，那么它的终结就不会让他们感到痛苦。

很多友爱方面的问题之所以产生，都是由于人们弄混了这种次一等的友爱和一种永久、完善、忠诚的关系。亚里士多德言简意赅地说："人们和朋友的分歧往往发生于发觉他们之间的友爱并非所想那样时。"第三种也是最高的友爱是对彼此的爱，产生于幸福的家庭中，也出现在虽然并非亲人但是努力经营这段关系的密友之间。在亚里士多德看来，"我们认为朋友是所有美好的事物中最好的，而没有朋友和孤独则是糟糕的，因为我们的全部生活和出于自愿的交流都发生在我们和我们所爱的人之间"。

完善的友爱产生于彼此都追求活得好的人之间，它形成了抵御恶意谣言的保障。如亚里士多德所说，一个人"不会立即相信他人所说的关于自己朋友的话，因为他已经试探和考验了这个朋友很多年，他们之间已经有了对彼此的信任，相信彼此都不会做不利于对方之事，并且他们拥有真正的友爱所需的一切品质。但是友爱的其他两种形式可能因为诽谤和怀疑而瓦解"。我十分确定，亚里士多德体验过他的挚友曾经在那些嫉妒他优秀的人，或是在那些在他建立吕克昂学园之后暗指他背叛雅典、投靠马其顿的人面前捍卫他。

与其他两种友爱不同，完善的友爱需要时间。这种友爱的长久度是其稳定性的保证。亚里士多德将选择能够陪伴你的朋友比做选择外套，当一件外套穿破了，一件新外套就更招人喜欢。但朋友并非如此，你认识一个朋友的时间越长，你就越能肯定他是一个好人。因此，即使你认为新朋友很好，选择老朋友也是明智的，因为新朋友对你的承诺还未经考验。要想信任不被任何一方的行为破坏，唯一的办法是用时间去验证。亚里士多德俏皮地引用了传统诗人忒奥格尼斯的诗句："你无法了解一个男人或一个女人，除非你像测试一头奶牛一样测试过他们。"在另一处，他还引用了一句讲友爱的传统希腊谚语："要把一个人称作朋友，他需要在你的陪伴下摄入大量的盐，而盐是社交聚餐中必不可少的佐料。"

信任并非一天铸成，但却可以一天摧毁。那些对你不忠诚，或在你最需要的时候让你失望，或对你做过坏事的人不值得再当你首要的朋友。我学会了给予密友第二次机会，但仅此一次。有些错误的酿成可能是由于一些没有解释清楚的原因，但是如果在你们深入交流过之后，这个错误以同样的方式又一次发生，这就表明这个错误是他们性格里不变的因素，而非仅仅是误会。当然，这不是说你一定得就此把他们驱逐出你的生活。我本人就有两个我自己不敢完全信任的朋友，因为在我需要他们的时候，他们曾有两次没有像我过去经常支持他们那样支持我。他们仍是我的朋友，只是被降级成"功利型"或是"愉悦型"朋友了。亚里士多德也有这样被"降级"的朋友，因为他说这样的朋友需要特别对待：

> 我们要像对一个不曾成为我们朋友的人那样对待一个曾经是朋友的人吗？也许我们应该记得过去我们之间亲密无间，就像我们认为对朋友应该比对陌生人表示出更多善意。同样地，假如造成我们之间裂痕的不是对方极端的恶意，那么我们应该为了过去的原因而对这些朋友表示一定的关注。

即使在旧日深厚感情已经结束的情况下，对它的怀念也依然能产生很大影响。

亚里士多德坚持说，没有人能经营许多完善的友爱："为了完善的友爱，你必须全面彻底地了解一个人，同他亲密无间，而这是很难做到的。"如果你首要的朋友太多，那么忠诚问题的冲突就会在实际中爆发出来："要同很多人亲密地分享自己的喜悦和悲伤是很难的，因为人很可能愿意应某个人的要求同他分享快乐，同时与另一个人分担悲伤。"所以要审慎地选择少数首要的朋友，可能要比一只手的手指数目还少，并且用心培育和他们的友爱。这也包括择偶，并且令人不无伤感的是，还包括选择那些真正值得你付出心血的亲人。培育友爱包括分担对方的痛苦也分享他们成功的喜悦。此外亚里士多德建议到，还需要对彼此做好事，以及保持定期联系，坚持沟通交流。

在视频通话和电子邮件大行其道的时代，要同我们爱着的但又在物理距离上离我们很远的人保持联系当然比亚里士多德那时要容易得多，而珍贵的亲密关系需要我们频繁联系彼此。我曾在出国期间疏于给丈夫和孩子们打电话，但现在我努力每天都关照到他们所有人。

亚里士多德说，你能够发现坏人，因为这种人惯于让自己的物质利益凌驾于朋友的幸福之上。古希腊有谚语云："朋友之间所有财产均为共享。"但是不道德的人利用你们的友爱来获取自己的物质利益，而不是因为友爱本身而建立它。亚里士多德认为，你只是你能给他带来的物质利益的附属品。不用说，这样的朋友只能有福同享，不能有难同当，他们会在你艰难失意时立刻弃你而去，并且再也不会为你们的聚会买一次单。

亚里士多德在一篇颇富洞见的文章中令人惊异地预言了现代的心理投射概念。不道德的人只能拥有基于愉悦、肤浅且短暂的友爱（两个坏人也可以一起欢乐地打扑克），却无法获得任何完善的友爱，因为他们无法信任他人。他们不能信任任何人的理由是关键之处：他们以自己的标准去衡量他人。由于他们受到自私或嫉妒，或是为了获胜而获胜的欲求的驱动，他们甚至无法想象，出于对普遍幸福的欲求而产生的另一种道德意识，究竟是怎么一回事。

对于那些真正把你当作首要的朋友去爱的人，即使你不知道他们为你做了多少好事，他们也乐意如此。这是因为他们的目的**不在于**向你证明什么，也不在于在交换中得到什么，而只在于**你**最大的幸福。好的父母对自己的孩子怀有这种利他性的爱。事实上亚里士多德认为，"父亲们爱自己的孩子多过孩子们爱自己的父亲（母亲们更甚），而父母们爱自己的孩子胜于爱自己的父母"是应该的。他相信母爱的强度比父爱更甚，"因为人们根据事情的困难程度来评估一项工作，而母亲在生产时遭受的痛苦更多"。

亚里士多德举了一个无私之爱的极端例子：母亲为了孩子的更大利益而愿意让他人收养孩子。他引用了一部悲剧[1]，希腊人威胁要把阿提阿那克斯扔下特洛伊的城墙，他的母亲安德洛玛刻为了救他，试图将他偷偷送出城外，以期望哪个女人能收养他，但这也就意味着自己将失去这个孩子。而这一举动的更无私之处在于，阿提阿那克斯尚在襁褓中，因此永远无法知道自己的母亲为了自己而做出如此牺牲，甚而可能怨恨这位他不能记得的母亲抛弃了他。首要的朋友就是另一种意义上的好母亲：当你痛苦时，他们真正地感同身受，希望分担你的痛苦来让你轻松一些。亚里士多德还以动物学家的身份补充说："鸟类能分担彼此的痛苦。"超过90%的鸟类都是单配偶制，而这个数字在哺乳动物中仅有3%。亚里士多德曾观察过鸟儿个体之间长期的依存，他很可能了解这一点。

　　一些人可能因为亚里士多德并没有区分两种完善的友爱，同自己家人的，以及同外人的友爱的特征而感到困惑。在实践中，多数人在多数时候都会感到自己同家人的关系和同朋友的关系是不一样的。虽然这很难让人接受，但我们有必要知道，人们并不会仅仅因为你同他们有关系就一定会对你负责任和忠诚，并且为

---

1　此处是指欧里庇得斯的悲剧《安德洛玛刻》。

你的幸福着想。这或许会让人感到不安，但理性地思考你的每一段家庭关系（除了你和孩子之间，因为你选择生下他们，所以你负有特殊的责任，去无条件地爱他们），按照亚里士多德的标准去评判这些关系是很值得的。即使是在最为亲密的小家庭中，也可能有人把自己的物质利益置于你的幸福之上，伤害你或背叛你，或是在你需要帮助的时候没有帮助你。血并不总是浓于水：交到的朋友可能比那些因为你的 DNA 或是在领养家庭中的社会、养育关系而同你联系在一起的人更爱你。此处，功利型友爱的概念是很有用的。亚里士多德会让你把那些从来没表示要回报你对他们的善意的兄弟姐妹们降格为这种次一等的朋友。当然，你们可以偶尔互相问候、参加彼此的婚礼，但不用比这更多，也无须为此而负疚。

亚里士多德对维持完善友爱的思考有诸多细微和精妙之处。在谈到童年的伙伴们往往"成长"不同步时，这听起来仿佛是在谈论他自己的经历。不同的发展经历可能让从前的朋友们再也无法从这段关系中得到什么。或者，假如我们同正在经历性格变化、变得不道德的人十分要好，我们应该结束这段友谊吗？有这类瑕疵的朋友很难改正，可能永远只是个麻烦。考虑到我给他们第二次（但没有第三次）机会的原则，我很高兴地发现亚里士多德在友爱的关系中也愿意给一些完善的朋友多一次机会，如果错误是可矫正的话，"因为只要他们能够改正，我们一定会在道德上帮助他们，比我们应该在金钱上给他们的帮助还要多，因为品质比财富更珍贵，对友爱的作用更大"。

8

共同体

我们都是共同体的成员，它超越了我们的家庭和亲密的朋友。我们的幸福在一定程度上取决于我们能否与同胞、与这颗星球上其他国家的人友好相处。要理解自己作为共同体的一员所负有的责任可能有些困难，特别是在政局动荡，或是我们对政府的政策有异议时。另一个问题是我们在面对规模庞大的国际性难题，例如环境危机时的无助感，我们能够理解，这种感觉经常使人想要退回个人生活，以逃避的态度及时行乐。

　　亚里士多德也理解这一切。在他自己的时代和城邦中，反对统治的权力在现实中是危险的。在马其顿，腓力二世是个残暴的独裁者；而尽管雅典采用民主政制，亚里士多德却始终是外邦人，是一个外邦的居住者，没有完全的雅典公民权。他一定也十分想完全不理会政治事务，彻底退居他的书房，然而他并没有这样做，相反，他坚持教授学生（一些学生注定成为领导者），也在吕克昂对普通的雅典公众发表演说。更重要的是，他还坚持写作，用格外深刻的洞察力书写政治、公民同他们所处的人类共同体，乃至同自然及动物界的关系。

亚里士多德认为，要有效地创造幸福，单靠一个人是不可能办到的。人或许可以享受短时间的孤独，但他们的生物特性就是社会动物。要想发展最适宜的繁荣，人还是要在同其他人及动物的联系中持续做互利的好事。在古希腊，互利互惠的行为由美惠三女神象征，这三姐妹分别是"美丽""喜悦"和"繁盛"。在艺术作品中，她们通常被描绘为手牵手围成一个圆圈的样子，因为数字"3"表示一种简单的双向关系进化成了一系列复杂的交易，而这也形成了社会的核心。这反映出，在人类共同体中，互助行为不断流转，形成了"良性循环"。亚里士多德赞成在公共场所为美惠三女神设立显眼的神庙，"以提醒人们回报善意，因为恩惠的典型特征在于，你不但应当回报他人的好意，还应该首先以好意对待他人"。在德性伦理上，仅仅回应他人的友好姿态是不够的：你还应该自己成为这种姿态的发起者，自己主动去建立这样的互助关系。

亚里士多德在《尼各马可伦理学》和《政治学》中论述了人类怎样才能让共同生活最美满。他用不同浓度的糖水来比喻我们面对自己的家人、朋友和同胞所感受到的不同程度的爱："父母与孩子之间互相的权利和兄弟姐妹之间的并不相同，某个团体或社会组织的成员肩负的义务和公民同胞的义务也不同，其他形式的友爱亦然。"伤害他人的严重性同你们之间关系的密切性呈正相关：骗取朋友的钱财比骗取一个同你无其他关系之人的钱财更令人厌恶；拒绝帮助自己的兄弟也比拒绝帮助一个陌生人更糟糕。

在亚里士多德的政治理论中，我们同其他公民的关系是功利型友爱的一个特殊分支，因为它们都是由于有利于彼此而建立的，并且当这种双向的自利不再存在时，这种关系也就结束了。当构成城邦的个体在合作中没有友爱的伙伴关系时，城邦的运转就会失灵。伊斯梅尔·卡达莱（Ismail Kadare）在小说《阿伽门农的女儿》（*Agamemnon's Daughter*，2003）中尖锐地描述了运转失灵的国家内部潜在的各种人际关系的退化。这部小说以欧里庇得斯的悲剧《伊菲革涅亚在奥利斯》（碰巧的是，亚里士多德对这部悲剧也十分着迷）中的主角女英雄伊菲革涅亚被献祭为原型，描写了20世纪80年代前期阿尔巴尼亚的非人道主义政权的影响，以及在不负责任的政府统治下，人民所遭受的道德堕落之苦。卡达莱展示出，当大众的心理普遍被恐惧主导时，人人都面临着失去道德坐标的危险：

　　每一天，我们都感到集体罪责的螺丝钉和齿轮将我们往下推。我们被迫站队、指控和抹黑他人，首先抹黑我们自己，然后是其他所有人。这是真正邪恶的机制，因为一旦你贬低了自己，那么要败坏你周围的一切就容易了。过去的每一天、每一个小时都在夺去更多道德价值。

亚里士多德的理想城邦与此恰好相反，是完善友爱关系的**放大**。一个城邦的好的政府目的是公民的幸福，它要求以公民之间的友爱作为基础，并且也会促进这种友爱。

亚里士多德称这种公民友爱的基础为"公民和谐"，它指一种在对待自己城邦中的其他个体时持久、稳定的态度。这种态度包括善意，以及承诺有责任互利互惠，其目的是以一种道德良知的方式去保障每个人的便利。然而不幸在于，总会有一些人不参与这项公民和谐的事业，就像他们无法在个人生活中建立起严肃的友爱一样，"因为他们想要获得比自己应得份额更多的好处，又想承担比他们应承担份额更少的工作和公共事务"。亚里士多德很清楚，对那些只爱自己，从共同体的财产中攫取多于自己应得份额之人，谴责是正当的。进一步说来，"一个人不能又想从共同体中获取钱财，又想得到共同体的尊重，因为我们不会赚朋友的钱"。而如果公民们将彼此看作朋友，那么作为整体的城邦就能追求幸福。

相比于在你的工作场所或学校发生的功利型友爱，公民之间功利型伙伴关系发生在更大的环境里。不过正因为亚里士多德强调公民之间的友爱也是友爱特殊的一种，他才觉得幸福城邦的规模有一定限度。他带着令人惊愕的反对意见提及巴比伦，认为它规模太大，以至于"直到它陷落之后三天，城里的人还有很大一部分不知道这件事"。人口过多也导致了贫穷。亚里士多德提到，一位科林斯的立法者辩称，最好的政策应该总是把人口数量维持在相同的规模。亚里士多德相信一个运转良好的政治共同体有先天的规模限制，就像一艘船一样。船不能太小（例如比一条手臂还窄），也不能太长（例如长于一英里），因为这两种情况都会让船只无法有效工作。即使是在公元前 4 世纪，亚里士多德也似乎更担心人口过多而不是过少的情况。他也用"城邦之船"的暗喻来描述公民和谐。公民同胞是共同体之中的伙伴，如同同一船只上的水手，"尽管水手们的作用各不相同，有的划桨，有的掌舵，有的瞭望，还有的有其他任务"，每个个体的职能都是不同的，但他们仍然有共同的目标，"保障航行安全是他们全体的任务"。与此类似，在一个幸福的国家里，尽管公民们各有不同的职业，但他们仍有相同的目标，那就是共同体的福祉。

个体间关系的健康是政治共同体的基石，亚里士多德正是通过这种关系健康与否来思考政体问题的。他有规则地比较了古希腊的四种政体：民主制、僭主制、贵族制和君主制。[有时也会有第五种，这是一种超级君主制，将若干不同种族的人都纳入一个"万物之主"（pambasileus）的管辖之下，这一称呼的产生可能是为了描述马其顿帝国事业。] 这种比较式的论述对政治思想和政治实践都产生了不可估量的影响：欧洲政治理论的词汇正诞生于亚里士多德的《政治学》首次被翻译为现代语言之时，又被这几种政体各自的拥趸们借用。在查理一世于1649年1月被处决之后的一个月，约翰·弥尔顿发表了《国王及官员的任期》，不同于国王认为自己只对上帝负责，弥尔顿证明处决君主是合法的，他所使用的就是亚里士多德《政治学》中对君主的定义。

亚里士多德对僭主制的批评最为严厉，他认为僭主制会压制一切能够塑造公民的自尊与自信的活动。这些活动显然包括哲学家，例如柏拉图和亚里士多德的哲学活动，"建立适于论辩的学习团体和其他讨论会"。我们中大多数人如今都不会乐意忍受生活在任何压抑自我教育或论辩的政体中，当然也不愿生活在任何非民主的政体中。今天，全世界超过一半的人都生活在民主选举的国家，但是根据亚里士多德的伦理标准，在这些民主选举制国家中，有很多国家都完全接受大规模的恶行：多数评估认为，现在生活在尊重基本人权和法治的国家的人口数占总人口数的比例不足40%。亚里士多德是这样回应那些为了获得所需信息而使用酷刑的国家的：停止酷刑，因为它不起作用。正如他冷静地在《修辞学》中所言："那些屈服于酷刑的人做伪证的可能性同提供真实证词的可能性是一样的，有的人宁愿忍受一切也不愿说出真相，同样地，有的人为了从酷刑中脱身乐意诬陷他人。"

亚里士多德了解民主制的很多问题。在一篇回响了几个世纪的文章中，他承认财产所有权的管理会引发不满："因为如果享用产品和从事生产这两方面最终是不平等的，那么在那些享用或索取很多产品却工作少的人，以及那些索取很少但工作很多的人之间必然会产生抱怨。"他冷静地总结到，这些是需要解决的难题："总的来说，共同生活、分担所有的人类事务是困难的，特别是分享这一切。"然而成年后，他仍然选择在雅典度过了三十多年时光，即使他只是一个客居者，没有公民权，也就无法发现民主制的弊端。

亚里士多德对民主制的批评比对其他政体的都少。在《修辞学》中，他定义不同政体之目的的方式使得民主制看起来更好：民主制的目的是自由，相对于财产（寡头制的目的），更高级的文化和对法律的遵守（贵族制的目的），以及自我保护（僭主制的目的）。他指出，"在统治者和被统治者之间包含最多友爱和正义的政体"是民主制，"在这种政体中平等的公民们在许多事物上都有共同处"。而令人毫不意外的是，最敌视公民之间的友爱和正义的政体是僭主制。

　　亚里士多德还认为，尽管民主制会衰败，但在民主制中获得力量的选民通过选举，**可能**会比其他政体中的少数统治者做出更为正确的决定。他把由大众做出的选择比作由许多不同的公民提供不同食物的公餐，这毫无疑问会比由某一个人准备的餐点更好。当公民们聚在一起审判案件或商议时，"就像是大众成为一个拥有许多手脚和感觉的一个个体，而在道德和理智上，他们合而为一了。这就是为什么一般大众对音乐和诗作的评判更好，因为不同的人能够评判表演的不同部分，而所有人就能够评判所有部分"。今天我们或许能从亚里士多德的建议中学到，在理想的民主制中，通过种种制度，例如短期任职、对参与陪审工作给予财政支持等，所有公民都能够也被鼓励去参与治理事务。亚里士多德还说，比起单独的某个个体，大量的公民更不容易腐败，就好像要污染"一条大河"比污染涓涓细流更难。个人的判断可能会被怒气或其他强烈的情感扭曲，但民主政体下的全体公民不太可能同时愤怒。

　　对全世界至少一半人来说，相对的政治稳定并非理所当然。亚里士多德是一个乌托邦主义者，因为他想象了一种可能：所有活着的人都能实现自己的潜能，并且可以最充分地运用自己的能力。（美国政治哲学家约翰·罗尔斯认为这是"亚里士多德原则"

中独有的。）亚里士多德甚至想象了一个未来世界，在那里，技术进步会让人类劳动（在他自己的历史语境中也就是奴隶制）变得不再必要。他提到神话中的工匠代达罗斯和赫淮斯托斯，他们制造的机械人能够根据人的指令移动和工作，从而也就取消了对人类仆从的需求，"因为如果所有工具都能根据指令自动行事，或者预见到接下来需要做什么，就像神话中代达罗斯的雕像[1]，或是赫淮斯托斯的三脚桌，诗人荷马说后者'自己进入诸神的聚会'。如果车子都能像这样自动运转，竖琴都能自己奏出旋律，那么工匠就不再需要助手并且主人也不再需要奴隶"。这读起来总让我们觉得他预言了现代社会人工智能的发展。

亚里士多德的乌托邦政治理论并非一成不变。你可以是资本主义者或者社会主义者，可以是女商人或慈善工作者，可以给（几乎）任何党派投票，同时也始终是一个亚里士多德主义者。亚里士多德强调，社会结构只有在它适应人类的本性时才能保持稳定，这让他有时候像个板上钉钉的保守主义者，本杰明·维克尔在他的《保守主义者必读的十本书》（*Ten Books Every Conservative Must Read*，2010）中称赞了亚里士多德。然而，亚里士多德式的资本主义者必须是不能忍受其同胞之贫穷的人。亚里士多德清

---

1　在柏拉图的《美诺篇》中，苏格拉底曾提到过代达罗斯的雕像，称如果不用绳子绑住，它们就会逃走。

楚，当商品匮乏时，人们会陷入争端，但他承认基本法仍然是现代资本主义的基础。他是第一个阐释"垄断"的含义，使用这个词汇，并且举出例子的古希腊作家。他要通过证明哲学家也可以经商成功（只是他们更愿意关注更高的事物）来反驳那些说哲学无用的人。公元前6世纪，自然科学的奠基者泰勒斯受到指责，批评者认为哲学和理智探寻的生活是无用的。但有一年冬天，泰勒斯利用自己的科学知识预见到第二年夏天橄榄将会丰收，于是他有先见之明地买下了附近所有的榨油机，实现了完全的垄断，然后又高价转租，并赚了一大笔钱。亚里士多德告诉我们："这说明哲学家们只要愿意，就能变得富有，但他们并不关心这些。"

亚里士多德坚持将自己的政治理论建立在人类最基本的需求上，他思考了当时最先进的经济观念，这一点不但使卡尔·马克思十分赞赏亚里士多德，也是亚里士多德在左派和右派中都一直有追随者的原因。不过，亚里士多德式的社会主义者们还必须承认，把强制性的公有制扩展到私人领域是无效的。亚里士多德相信，当国家财产的权责不明晰时，就无人会对其负责。他还注意到，对某财产拥有所有权的人越多，他们对该财产的关心就越少。人们关怀某些东西是因为他们享受那种私人拥有的感觉，以及这些东西对他们有价值，而如果和别人共有，这种感觉就会淡化。亚里士多德认为"所有人都更爱那些让他们付出了心力的东西：比如说，自己赚钱的人比继承了一大笔钱财的人更爱钱"。任何通过努力获得的财富都会比毫不费力就得到的财富更让人产生依恋。

亚里士多德式的社会主义者会欣慰地发现，亚里士多德谴责极端贫困，认为它是冲突和犯罪的起因，他也很重视同时代的一位平等主义者迦克敦的法勒亚及其激进观点，法勒亚认为财产上的不平等是国家内部纷争的普遍原因，每个公民应当占有完全相等的财产。尽管亚里士多德不赞成极端的平等，但他显然还是支持柏拉图在《法篇》中的建议，即任何公民的财产数额都不应达到最贫穷者的五倍以上（这种不平等程度当然远远不及当代西方资本主义制度所容忍的财富不均的程度）。2016年6月7日，WPP广告传媒集团的首席执行官马丁·索罗尔（Sir Martin Sorrell）爵士公开为他7400万英镑的年收入辩护，这可不是仓库工人年薪的五倍（而是五千倍）。亚里士多德认为，财富不均同一些问题，例如争议诉讼，以及对巨富令人作呕的谄媚巴结是联系在一起的。

但是亚里士多德也看到，经济上的统一性会威胁到家庭的多样性，从而威胁整个国家的文化，还会模糊家庭成员和城邦成员之间的重要区别：一个由完全相同的元素构成的城邦要比能够接受一定程度的不平等的城邦更不幸福，就像在音乐中，"把和声变成齐唱，或者把韵律改成单一的音步"。亚里士多德式的社会主义者应该理解，坏的个人行为和坏的政体是有区别的。

尽管右派和左派的支持者都能（在一定限度内）践行亚里士多德的道德哲学，但拒绝承认气候变化的人是不可能从亚里士多德那里获得多少支持的。作为一个自然科学家，亚里士多德相信细致谨慎的研究，这种研究建立在对世界呈现给他的现象的重复经验观察，以及对假设的严格检验之上。如果亚里士多德能够来到当今世界，环顾四周，他会为众多人为破坏环境的证据感到恐慌。他的科学著作中那些细致入微的研究不仅关于自然界，还关乎我们作为人类在其中生存、呼吸的处所，这些也是他道德哲学的**前提**。

亚里士多德将人类视作动物，也许是较高级的动物，由此，他使我们和物质环境之间的伦理关系发生转变，这一转变对我们今天来说仍有无限的意义。由于我们已经开始意识到，作为在这颗行星上生存的众多生物的一种，人类给环境带来了何其严重的破坏，我们也就可以知道，要获得人之为人的完满，亚里士多德的科学观点的确是最基本的。看到不负责任的我们对这个世界及其中非人类居住者的破坏所造成的混乱，亚里士多德一定深感震惊。此外，亚里士多德要求我们过一种审慎而有所筹划的生活，从长远的角度坚持对我们的自然生存和精神幸福负全责，科学家和古典学家们一致认为，这将会使他在今天成为一名环保推动者。

生态学常常引用亚里士多德的理论，因为这些理论强调自然界的因果关系，也因为亚里士多德关注世界万物的整体性和相互作用，这同复杂的生态系统理论[1]也是相容的。生态学家指出亚里士多德在《形而上学》里对自然的统一性和关联性有过精彩描述：

> 宇宙中的万物都是以某种方式有序安排的，但并不全都彼此相似，鱼、鸟和植物皆如此；自然界中，并非一物同另一物之间毫无关联，相反，万物彼此联系。因为万物都是向着同一个目的有序安排的……万物都分有着整体的善。[2]

在亚里士多德看来，植物、动物和人类存在于一个个相互依

---

1　参见 R. Ulanowicz, "Aristotelian causalities in ecosystem development", *Oikos* 57 (1990), pp. 42–8; Laura Westra, "Aristotelian roots of ecology: causality, complex systems theory, and integrity", 载于 Laura Westra and Thomas M. Robinson 编辑的 *The Greeks and the Environment* (Lanham: Rowman & Littlefield, 1997), pp. 83–98, 以及同一卷中的 C. W. DeMarco, "The greening of Aristotle", pp. 99–119。——作者注

2　Richard Shearman, "Self-Love and the Virtue of Species Preservation in Aristotle", 载于 Westra 和 Robinson 编辑的 *The Greeks and the Environment*, pp. 121–132。特别是同一卷中的 Mohan Matthen, "The organic unity of Aristotle's world", pp. 133–148。——作者注

存的同心圆中："自然界逐渐从无生命之物发展到动物生命，其准确分界是无法确定的。"他清楚地知道，气候可以随着时间变化，以及环境变化如何威胁人类生存。在《气象学》一书中，他提及地球的年龄、大地和海洋的变动是彼此关联的。在整个民族（ethnoi）能记下他们所发生的一切之前，就被全部摧毁了。随着时间的流逝，迈锡尼周围的土地开始变得干涸贫瘠。

亚里士多德关于经济的道德概念同样和环保主义相关。他说，商业活动分为两种，第一种是自然的，也是活得好的一部分，因为人在家室中需要让自己活得舒适的物品。这种商业活动天然就有限度，因为人拥有的物品总有足够满足他舒适生活的时候。但是另一种商业活动被亚里士多德视为完全非自然的，它缺乏限度：这同样可以用来描述毫无限制的工业资本主义。[1] 只有人类具有道德能动性，因此也只有人类，作为与数量惊人的动植物共同栖居在行星地球上的物种，负有这项独一无二的责任，即关怀这颗星球。但正是由于人类心智的禀赋，他们也具有了造成可怕伤害的能力：这其中令人心寒的真实区别如亚里士多德所说的那样，一个坏人所造成的损害可以是一个动物所能做的一万

---

1 Özgüç Orhan, "Aristotle: Phusis, Praxis, and the Good", 载于 Peter F. Cannavò 和 Joseph H. Lane Jr 编辑的 *Engaging Nature and the Political Theory Canon* (Cambridge, Mass. & London: MIT Press, 2014), pp. 45–63。——作者注

倍。因为人类发明了武器，并可以将之用于邪恶的目的，不道德的人就成了"最邪恶和野蛮的动物"。

亚里士多德的动物学著作还展示了他对判断和观察未受教育之人的自信，与此相关的是，他坚信由民主所任用的"聪明的大众"会做出最佳的集体选择。他提及自己曾了解到，科斯岛上的女性岛民饲养大天蚕蛾来取丝，期间这种动物要经历毛虫和蚕茧两个阶段。这些妇女"用大天蚕蛾的茧缫丝，而后用丝线织布。有个女人叫潘菲利亚（Pamphila），是普拉透斯（Plateus）的女儿，有人说她第一个发明了织布技术"。亚里士多德还和猎人们聊天，猎人们讲述他们如何奏乐来引诱鹿群，还有一个俗语，把年轻的雄鹿新长出的第一对短角比作裤腿。

亚里士多德详细地讲述了鱼的听觉和味觉，为此他同渔民们就如何利用噪音、静音和鱼饵提高捕鱼量进行了长期的讨论。在雅典的两个港口法勒雍和比雷埃夫斯，他们讨论了凤尾鱼的不同种类。他学习了渔民们根据外观或其他特征给有壳水生生物取的俗名，像是"洋葱"还有"讨厌鬼"。这会令柏拉图大吃一惊。作为提出了令人敬畏的"理念论"学说的学园领袖，柏拉图当然会嘲笑他的学生那有力的主张，即科学家应当听取那些在日常工作中长期同动植物打交道的"普通人"的意见，不管是猎人、农夫还是渔民："那些同自然现象的关系更为切近的人更能制定出彼此关联并且涵盖某个广阔领域的原则。"

亚里士多德的科学带给我们最重要的教诲是人类这个物种同自然界其他部分的关系。亚里士多德的探讨从动物毛皮和鸟类羽毛颜色的变化及人类毛发变白的模式出发。"鬓角的头发首先变白，前面的头发白得比后面的快，阴毛最晚变色。"从这一条出发，他进一步讨论到动物，多数动物和人一样"毛色只会随着年龄增长而改变"。鹤是一个例外。此外，饮食、季节性换毛及环境因素，例如，绵羊沐浴后的河水会引发其他物种的毛色发生变化。

亚里士多德说，人和其他动物例如蜜蜂、胡蜂、蚂蚁和鹤一样都是群居动物，但是人作为更复杂的动物也享受独处，至少是有限的独处。一些动物和人一样在可辨识出的统治形式下生活，例如蜂群就有蜂后。一些动物需要迁徙，另一些则有固定的栖息地，甚至还会建筑永久的巢穴，并训练幼崽正确使用巢穴，就像人所做的一样。亚里士多德尤其对燕子着迷：

> 正如人所做的那样，燕子这种鸟把泥和稻草混在一起，如果泥不够，它就把自己身上打湿，然后用沾湿的羽毛在干燥的尘土里滚动，而且，就像人一样，它会用稻草做成床，先把硬的材料垫在下面当作基盘，然后把其他材料弄成符合自己体型

的样子。燕子父母双方会合作养育后代，父母们会熟练地发现哪个孩子需要帮助，并且注意不让它一而再，再而三地得到帮助。起初，父母会清扫鸟巢里的粪便，但是当幼鸟长大后，它们会教孩子们在巢里挪动位置，把粪便排到鸟巢外。

作为动物爱好者，亚里士多德因他动物学著作中的那些观察感到快乐。许多句子表明，如果他现在还活着，也一定会像大卫·阿滕伯勒爵士[1]那样做出精彩纷呈的自然纪录片。亚里士多德写到过某种鹪鹩，"不比一只蝗虫大，有鲜红金冠，无论怎么看都是只美丽优雅的小鸟"，我们很难不喜欢一个写出如此文字的人。

亚里士多德提出了一套复杂的理论来说明鸟类跨越黑海和地中海地区的迁徙，这无疑需要细致的观察。他认为鸟类同智人的关系尤其密切：它们不但和我们一样都用两条腿直立行走，而且"有发出清晰声音的能力"。作为总结，亚里士多德对动物界的各种动物的声音天赋进行了一番思考：

> 一些动物能发出声响，另一些则不然，还有一些则被赋

---

1　大卫·阿滕伯勒爵士（Sir David Attenborough，1926—　）：生物学家、英国广播电视公司制作人，曾制作多部广受欢迎的自然纪录片。

予了声音。在这最后一类动物中，有的能够清晰地发音，有的发音不清楚，有些能发出连续的啁啾吱喳声，有的则更为安静。一些动物的声音像音乐，另一些则并非如此，但所有动物无一例外主要在求偶时展现歌唱或鸣叫的能力。

亚里士多德可能问了一些捕鸟者，后者熟知不同种鸟儿的智力，还能以生动的语言描述出来。他将一种长耳猫头鹰描述为"鸟儿中的大无赖，绝佳的模仿者，捕鸟者会在它面前跳舞，然后，正当这种鸟模仿起来时，捕鸟者的同伴便从背后抓住它"。他还同一只多嘴的印度鹦鹉来了一次实验性的宴饮："顺带一提，喝酒之后，这只鹦鹉变得比以往更调皮了。"

在亚里士多德的时代，人口数量即便同当时已知的世界范围相比也算很少，而亚里士多德的同代人除了已经探索过并经常去过的领土外，对领土的界限也并不确定。尽管有时食物短缺，但几乎无人意识到，自然的一切产物，木材、鱼群、鸣禽、狮子、可以殖民的新海岸都可能会消耗殆尽。亚里士多德则在描述有壳水生生物时预见到了这一点，而且发现在莱斯博斯岛上一个潟湖中生存的某种扇贝（红扇贝）实际上已经消失了。它们遭遇彻底的灭绝，部分是由于干旱，但同时"一定程度上是由于捕捞它们的挖泥机"。人类参与了先前存在过的整个生物群体的灭绝过程。

这大概是世界文献最早记载的过度捕捞，而如今这已经是一项在国际上获得共识的紧急环境议题。亚里士多德还提到了由于贪恋金钱而人为干预自然出现的动物数量，进而造成的危害。他称这些人为"卡帕索斯人"。卡帕索斯岛上的居民想通过养兔子赚钱，于是引入了第一对兔子，但是由于繁殖过度，兔子毁坏了庄稼、农田和植物生态。

亚里士多德清楚地知道农业对自然的干预所具有的潜在危害性。他甚至还说，让可食用的蔬菜自然生长比人工浇灌更好。他自然也反对一些人工养殖动物的行为，认为它们违背自然，有害无益。一些饲养动物的人让年轻的雄性动物同它们自己的母亲交配，这种母亲同孩子的近亲交配行为要么是因为饲主租借不起用于配种的动物，要么是因为他拥有的动物品种特别好或具有他们想要保留的性状。

这种行为对如今的纯种狗繁育者来说并不陌生，尽管这有基因上的风险，并涉嫌虐待。品系育种，即让动物同远亲交配是更为可取的。亚里士多德毫不怀疑，动物并不天生就愿意同母亲交配，他还用了很多例子来说明动物对强迫性的"俄狄浦斯情结"的拒绝："公骆驼拒绝和母亲交配，如果饲养者如此强迫，他就会表现得不乐意。有一次，在年轻的公骆驼拒绝之后，饲养者将他的母亲遮起来，然后把公骆驼带到她身边。然而，当交配结束，母亲身上的遮挡被挪走之后，尽管交配已经完成，无法挽回，但没过多久，公骆驼还是踢死了它的饲主。"

亚里士多德也近距离研究了马的饲养。他讲了另一个例子，一匹年轻的种马被迫令自己的母亲怀孕，之后他像一个悲剧英雄一样对自己报以暴力：

> 斯基提亚的国王有一匹养得很好的母马，她生下的小马驹都健壮漂亮。国王希望让其中最好的那匹同它的母亲交配，他把公马带到了母马的马厩。公马起初不肯，但当母马的头被遮住，他并不知道那是自己的母亲时，他和她交配了。但是母马头上的遮盖物一被去掉，公马发现那是自己的母亲时，他就逃走了，最后跳下了悬崖。

亚里士多德似乎还为养马的不同方式挂心。应当允许马匹在牧场上自由地漫步，这样它们就不会得除了蹄病之外的任何疾病，而蹄病可以自愈。马厩是营养不良和各种形式传染病的滋生地："在马厩里饲养的马易感染多种疾病，其中一种会感染后腿（可能是缺乏维生素导致的退化性脑脊髓病，或者感染性贫血症，又或是 I 型疱疹病毒）。"

尽管亚里士多德并不了解自私的基因或自然选择，但他还是意识到，各个地方的气候、地形及此地栖息动物的种类是相关的。在希腊北部及其邻近地区如"伊利里亚、色雷斯、伊庇鲁斯，野驴的体型较小，而高卢地区和斯基提亚地区则根本没有野驴，这是由于这些地区气候寒冷。阿拉伯地区的蜥蜴超过一腕尺长，老鼠也比我们的田鼠大得多"。尽管亚里士多德不知道物种共振，但他讲了公元前395年发生的一件事，当时希腊南部的渡鸦都消失了，同时在更北边的地方，一场战斗造成了大量士兵死亡。鉴于渡鸦是食腐的鸟类，亚里士多德冷静地从这一点推断出，即使彼此距离遥远，"这些鸟儿似乎仍有彼此交流的办法"。

在《动物志》中，亚里士多德对地表的所有动物做了值得关注的分类，由于人类本来就只是一种拥有某些独特特征的动物，因而这种分类本身也阐释了作为人类意味着什么。不过，也有一些领域是动物占有绝对优势的。有些事人做不到而只有动物可以：亚里士多德在描述长有外部可见耳朵的动物时说，人是唯一一种"无法让耳朵转动"的动物。实际上，有些人，当然是一小部分人可以动耳朵，不过亚里士多德显然不是这一类。他还知道，一些动物的大多数感官远比人类更发达："在诸种感官中，人类的触觉最为精细，味觉稍逊，但其他感官则不如大多数动物发达。"

亚里士多德建议我们对动物友善，《骑兵将领》（*The Cavalry*

Commander）和《论捕猎》（*Hunting with Dogs*）的作者，苏格拉底的弟子色诺芬（Xenophon）也如此认为。亚里士多德知道，就像在人类社会中，贫穷是社会冲突的直接原因，他也坚持认为动物的攻击行为也同资源特别是食物的短缺有关。他就如何应对交配季节的公象提出建议，"充足的食物通常能够驯服它们"。事实上，他认为正是饥饿导致了人和野生动物相处困难：

> 人们甚至可以说，如果没有食物匮乏或限制，现今那些惧怕人类或天性凶猛的动物会对人类表现出驯顺和熟悉，它们彼此之间也会如此。埃及人对待动物的方式就表明了这一点，由于长期得到充足的食物，即使是最为凶猛的生物也能与埃及人和平相处。在一些地方，鳄鱼也会顺从于喂养它们的祭司。

但亚里士多德也意识到，人类拥有的动物学知识能让他们更轻易地利用动物。他讲述了色雷斯人如何给猪催肥，还报告说，由于年轻奶牛的角质地柔软，如果人们在角上涂蜡并施以外力，就可以将之塑造成各种形状。他还知道一种捕杀危险蛇类的惊人办法。这种蛇"对酒永不餍足，所以有时候为了捕蛇，人们把酒倒在碟子里，然后把碟子放进墙壁的缝隙中，醉酒的蛇就这样被抓住了"。

最重要的是，亚里士多德沉迷于人类和动物之间的互动与**合作**。他记下了雅典最有名的骡子的故事，据说这头骡子活了八十岁，正好是帕特农神庙修建的年代（即公元前 5 世纪 30 年代）。由于高龄，骡子"退休了"并且不用再干活，但它仍然每天和其他骡子一起帮忙运重物，还为同类们鼓劲儿。"结果，人们通过了一项公共法令，禁止面包师们把骡子逐出他们的作坊。"亚里士多德对海豚的非凡智力也有深刻印象。现在，很多科学家也认为海豚的智力确实唯有智人才可与之匹敌。亚里士多德说，曾经有一群海豚进入了卡利亚（今土耳其西南部）一个海港并且停留在那里，直至当地一个渔民释放了自己的渔网中捕捉的它们的同伴。

像描述海豚一样，亚里士多德还花费大量笔墨，充满爱意地描述了另一种最具社会性也最理智的动物：象。他对象鼻印象尤为深刻：

> 象鼻的特性和大小使得大象能够像用手一样使用它。当大象进食和饮水时，它用鼻子举起食物送进嘴里，而且大象还会用鼻子卷起东西放上后背，也能用鼻子将大树连根拔起。在涉水时，它会用鼻子喷射水柱。这个器官可以弯曲也

可以在顶部盘成圈，但它不像关节一样灵活，这是因为象鼻是由软骨组成的。

但亚里士多德最为赞赏的还是大象的脑力和性情："大象是所有野生动物中最易驯服也最为温和的。人们能教会它们许多技巧，它们也能理解其中的要点和含义。比如，人们能教会它们在国王面前下跪，它们十分敏感，拥有超越其他动物的理智。"

亚里士多德还选了一些其他记录说明人和动物之间有益的关系。他认为雌性马鹿十分聪明，他曾看到它们带着自己的幼崽去公路边，这样，捕杀幼鹿的凶猛动物由于害怕人类经过，就不敢再去攻击它们。他还讲到在黑海东北部的亚速海地区狼群同渔民的合作：只要渔民将他们捕获的东西分一部分给狼群，那么一切就都很安宁。但如果渔民们不再给狼群那些鱼，狼群便会"趁渔网放在岸边晒干时将其撕烂"。亚里士多德说，如果有一种被他称作"花鮨"的鱼出现，那么就意味着"周围没有危险生物，而采集海绵的人便可以安全下水"。这些潜水者十分感激花鮨，称其为"圣鱼"。

亚里士多德认识到，人作为动物的一种，首先需要努力确保物理上的生存，也就是要获取足够的食物和水，还有可供藏身的居所，在这之后才是有意识地享受生活、追求个人和集体的幸福。他对人类为获得生存而在永无止境的斗争面前展现出的适应力感到震惊。他认为，一个没有时间去享受精神生活的世界是不可忍受的。他应该是第一个强调这一点的人：本书的读者们已经在供养家庭之外拥有了足够的闲暇去思考不那么基础的需求。

因此，亚里士多德在生物性生存和朝向幸福的筹划生活之间做出的区分能够让你对流浪汉、挨饿者、难民和流亡者、残疾和身患重疾者，还有受到虐待的动物报以同情心。因此，不要因为你有足够的时间去思考如何成为最好的自己而感到愧疚，伦理上最完备的人最有可能帮助弱势群体和利益受损的群体。要心怀感激，因为你已经处在幸运的位置，并且开始追求幸福的事业。

9

闲　暇

在《伦理学》和《政治学》中，亚里士多德都花了一些篇幅来谈论闲暇。凡对闲暇问题的严肃研究，无论社会学、哲学还是心理学；从13世纪的托马斯·阿奎那[1]，到尤瑟夫·皮柏[2]具有影响力的《闲暇：文化的基础》（1948），都引用过亚里士多德。亚里士多德关于闲暇的激进观点对我们今日仍有启发，特别是他坚持认为闲暇比工作更为重要，而如果人们没有在有益的消遣中受到教化，那就是错用了闲暇。他注意到，斯巴达在和平时期从未繁盛过，这是因为，尽管他们的政体能够把斯巴达人训练成很好的战士，但却"没能教他们学会享受悠闲的时光"。无聊不只是和平的大敌，更是幸福的大敌。

亚里士多德关于闲暇目的的看法同他的前人和同辈们大相

1　托马斯·阿奎那（Thomas Aquinas，约1225—1274）：中世纪欧洲经院派哲学家和神学家，著有《神学大全》。
2　尤瑟夫·皮柏（Josef Pieper，1904—1997）：德国哲学家，托马斯主义思想家，还著有《节庆、休闲与文化》等作品。

径庭。在古希腊，不管是自由民还是奴隶都承担着繁重的劳作，那时最为流行的闲暇观是，人们最好利用闲暇来享受肉体快乐、及时行乐。就像 19 世纪，挪威裔美国经济学家托斯丹·范伯伦（Thorstein Veblen）所发明的"有闲阶级"（leisure class）和"炫耀性消费"（conspicuous consumption）的概念所表明的那样，古代劳动人民也羡慕富裕阶层有大量的空闲时间和与之相伴的各种娱乐活动：亚里士多德说，多数人认为"消遣是幸福的组成部分，因为国王和君主们也都将闲暇时光用于消遣"。但他认为，这种想法是错误的，因为这些消遣活动"通常弊大于利，使人忽视他们的健康和财产"，它们对真正的幸福百无一用。

"闲暇"（leisure）一词事实上来源于拉丁语的动词 licere（被允许）：闲暇就是那些你不必工作，"被允许"自由选择如何度过的时间。亚里士多德使用的希腊语单词是 schole，它最初的意思是那些可以说属于自己的，或是可以让自己开心的时间。在后来的日子里，这个词获得了学术方面的含义，这就导致了"学校"一词的产生。这是由于哲学家们发现闲暇（在其他事物之中）就其本身而言是理智活动的前提条件。但亚里士多德影响深远的闲暇概念包含了远不止用于学习和辩论的时间。一方面，它包括工作之后必要的放松、身体方面的休息和恢复、对食物和性爱的身体自然欲求之满足，还有能够打发无聊时间的消遣或令人愉悦的娱乐活动。但另一方面,闲暇还包括人们在确保生存(住处、食物和自卫)的必要辛苦劳作之余所从事的其他一切形式的活动。亚里士多德坚持认为,如果善加利用,则闲暇是理想的人类状态。少数十分幸运的人可以做他们最想做的事,不但实现了他们独一无二的潜能,还得到了报偿。即使给他们一份个人收入和全天候的闲暇,他们依然会选择做他们正在赖以为生的工作。但是经济上的需求使得多数人需要从事大量的劳动,同时祈祷自己能够不用工作。对于亚里士多德而言,工作和从工作中恢复从来都不是目的:它们只是实现未来的闲暇活动的手段,等到了那一天,我们为了实现幸福而具有的全部潜能都将会实现。

身处人类文明的我们陷于劳作中。亚里士多德把有计划的、有益的闲暇置于劳作或单纯的放松之上,这同我们的观点背道而驰:我们认为我们是由自己的工作和职业来定义的。如果我们问一个人他是"做"什么的,我们是在问他靠什么谋生,而不是问他在闲暇的时候是去合唱队唱歌还是去游览中世纪城堡。拥有足够的闲暇并为了怎么更好地利用它而烦心,这会引发很多劳动者轻蔑地嘲笑,他们相信这是那些生活在空中楼阁和象牙塔中、脱离日常实际现实的知识分子才会浪费时间去思考的问题。然而,亚里士多德相信,我们作为人的全部潜能**只有**在闲暇时光里才能实现。工作的目的通常是维持我们的生物性生存,其他动物也有这样的目标。但是闲暇的目标可以，并且应该是保持我们生命中那些让我们成为独有的人的部分：灵魂、思想、个人和社会关系。因此，如果我们毫无目标地利用闲暇，那就是浪费了它。

亚里士多德的观点将被现代的"工作伦理"概念所排斥，这个概念如马克斯·韦伯[1]在《新教伦理与资本主义精神》中指出的那样，首先是新教改革和工业革命的产物。人们开始相信，他们能够解决贫穷及生存物资的保障问题，但是这只能通过全身心地投入工作来实现。或许有朝一日，劳动会因机器而不再必要，但那只会发生在数个世纪格外艰辛的劳动之后。因此劳动达到了一个更高的状态，或者至少劳动朝向物质商品产量最大化的阶段。韦伯的理论造成了若干影响。劳动不再是成就某个目的，例如谋生的手段，它自身就成为目的。人们开始认为，"非生产性"劳动，即那些严格说来对我们的生物性生存并非必要的劳动，被理解为本质上比生产性劳动更具价值的劳动。如经济学家亚当·斯密在《国富论》（1776）中所说："从事'非生产性劳动'的人不但有君主，还包括教士、律师、医生、各种知识分子、演员、小丑、音乐家、歌剧歌者和舞者，等等"。在产出最大化的压力下，工作时间不再是季节性的，而开始由机械计时规定。工时被大量

1　马克斯·韦伯（Max Weber，1864—1920）：德国哲学家、社会学家、政治经济学家。

地延长，导致其在工业革命时代，在查尔斯·狄更斯的小说《艰难时世》（1854）中那些被漫长而机械的劳动压榨的"焦煤镇"居民身上，在那些可怕的12小时工作制上，在那些童工身上达到了巅峰。

同年，亨利·梭罗出版了《瓦尔登湖》，描写了马萨诸塞州乡下一间简朴小木屋中的生活，那里有大量时间供人阅读和思考。该书探究了资本主义社会对人心理上的剥削，在对商品极大丰富地疯狂追逐中，人类忘却了生活的理由和目的，甚至为了给自己花大量时间生产不必要的商品辩护，他们不惜创造新的需求。梭罗怀有非常亚里士多德式的幻想：有朝一日，新英格兰的每个村落都将拥有自己的吕克昂学园，书籍、报纸、学术杂志汗牛充栋，还有各种艺术品，邀请全世界最有智慧者前来访学，在当地人漫长的闲暇里教导他们。而亚里士多德也会赞成梭罗对教育的重视，教育是解决如何有效利用闲暇问题的方式。亚里士多德苦恼地意识到，即使他认为，闲暇是我们生活中最重要的部分，但一般来说，对如何利用闲暇做出正确的选择，人们尚未做好社会准备。他甚至说，在理想的社会中充分利用闲暇就是教育的主要目标。亚里士多德的观点非常现代。

缺少利用闲暇的训练的一种表现是沉迷工作，这种综合征首次发现于二战后，当时，很多人都在经历了高度警惕的状态之后，难以回到"正常的"生活节奏中。强制性的全天候无间断工作会损害生理和精神健康，一些国家和机构采取了严格措施来防止这种情况发生：在法国，职工们赢得了在工作时间之外不看工作邮件的权利。但与此同时，面对日益增长的学习压力，以及随之而来的，一些学校对有助于学生日后获得充实的"闲暇生活"的活动的重视程度日益下降，这些活动包括学习乐器演奏、艺术和手工等兴趣爱好和实践，因此孩子们被鼓励培养一种过度专注于学习的态度。鉴于技术更迭的速度，我们的社会极其需要对闲暇和消遣的探讨。更长的寿命让我们切实地获得了更多无需为生计而工作的时间。人工智能领域越来越快的进步意味着人类社会发展所需的许多十分耗时的任务都可以由机器人、计算机和机械来完成，这可能让更多人的工作时间少于人类已经适应的工作时间。而我们实际的工作时间越少，亚里士多德关于闲暇的革命性观点就越中肯。

更多的自由时间有助于自我教育的达成。更多的闲暇加上网络上的免费资源让所有能够上网的人都能得到世界一流的教育。获取知识曾经取决于图书馆的使用权，那是马特·达蒙在电影《心灵捕手》（1997）中所扮演的工人阶级角色对一个傲慢的哈佛学生所说的："你在这个教育上花了15万美元，而你本来在公共图书馆交1.5美元滞纳金就能实现它。"但即使是图书馆也被取代了：一些大学，包括麻省理工学院，已经开始提供完全免费的开放课程。其他学校，比如哈佛大学商学院会出版优秀学者们撰写的顶级博客文章。TED[1] 的网站、YouTube 和 iTunes 上有所有你能想到的主题的讲座录影和播客。但对我们中的很多人来说，工作日的时间已经安排得满满当当了，我们不愿意在休息时间还进行这种直接的教育活动，那么我们需要通过谨慎选择娱乐方式，把快乐和个人发展结合起来。

纽约市立大学哲学系 1911 年至 1936 年善于启发人心的系主任哈利·艾伦·奥弗斯特里特（Harry Allen Overstreet）写过若干本关于自我帮助和社会心理学的畅销书，他懂得娱乐是一桩严肃的事："娱乐并非民主的次要问题而是其首要问题，因为一个民族所选择的娱乐方式决定了他们将成为什么样的民族、能够建设什么样的社会。"奥弗斯特里特接受了古典学博士的训练，他这句著名的引用总结了亚里士多德有关闲暇的潜能的观点，即闲暇能使人类繁荣，也能使其走向反面。你在闲暇时选择读什么、看什么或听什么，这直接影响了你作为道德存在的发展，你如何不间断地自我**创造**（create），正如**消遣**（recreate）一词的词源表示的那样。亚里士多德说，这意味着你选择何种娱乐活动直接

---

1　TED：全称为"技术（Technology）、娱乐（Entertainment）、设计（Design）"由美国一家非营利机构运营，在网站上发布了许多公开课程和教学视频。

影响你的幸福。

亚里士多德自己是个狂热的漫步者，十分看重身体健康和快乐。他当然会鼓励与锻炼、创意活动、音乐、美食和酒相关的各种消遣活动。不过他唯一投入了严肃哲学思考的休闲兴趣却是文学，特别是戏剧文学，这也是他的《诗学》的中心论题。这种做法实际上是很值得注意的，因为他的老师柏拉图强烈反对艺术，以至于在《理想国》里将艺术驱逐出了他的理想城邦[1]。亚里士多德是一位严肃的思想家，他的目标是以一种能够创造最好的人类共同体的方式去理解世界，为何他要花这么多时间去思考大众剧场中上演的虚构故事呢？唯一的解释是，他个人坚信，这种娱乐方式可能极大地增强观众个人及共同体整体的情感和道德生活。很明显，亚里士多德热爱剧场、音乐和视觉艺术，他的作品中处处提及歌手、歌队、竖琴演奏家、舞者、诗和诗人、雕塑和手工制品。而且他也有一手证据证明艺术的社会功用：在四十八岁时，亚里士多德为了创立吕克昂学园而移居雅典，他的学园的选址比柏拉图的雅典学园更加靠近雅典卫城南端的狄奥尼索斯剧场。雅典当时仍然被公认为是戏剧娱乐和活动的中心，希腊任何

---

1 事实上柏拉图笔下的苏格拉底并未完全驱逐艺术，而是提出艺术的形式和内容需要符合公民教育的原则。而对于这种看起来颇似当代"审查"的行为，阐释者们也有诸多争议。

城邦中的人但凡想在戏剧界有所建树，都会不假思索地前往雅典，就像如今有抱负的电影制作人前往好莱坞一样。我们能够想象，亚里士多德在清晨同塞奥弗拉斯托斯及他们的学生，还有众多雅典公民和居民们一道前往城邦中心的圣所和狄奥尼索斯剧场观看悲剧和喜剧表演，又在黄昏返回学园的路上兴奋地分析着所看到的一切。雅典的戏剧并非仅仅为了吸引观众，更是为了培养他们的认知、道德和政治技艺，这是他们经营一座健康的城邦所必需的。

关于电视节目、电影和舞台剧中合适、得体的视听内容的限度时常引发公众讨论。暴力、脏话、性和裸露曾经是（并且在全世界许多司法领域中仍然是）直接或间接审查的主题。电影《布莱恩的一生》（1979）引发了一桩丑闻，并且被一些基督徒指控为亵渎；1987年，BBC 4频道播出的一部电影中有托尼·哈里森[1]表演他精彩但脏话连篇的诗歌 v.，该电影受到保守派媒体《每日邮报》及其他自封的公共道德卫士的谴责；乔纳森·卡普兰的电影《暴劫梨花》中长时间的暴力强奸场景被女性主义者批评为迎合男人的虐待倾向幻想。而最近，父母们被警告要当心孩子们由于电脑游戏，特别是"第一视角射击"游戏中的暴力情景而变

---

1　托尼·哈里森（Tony Harrison，1937—　）：英国诗人、剧作家。

得心理麻木。但人们往往没有注意到，这种争论可以追溯到古代，并且第一次以哲学的方式得到讨论是在柏拉图的学园中，即在柏拉图和他最出色的学生亚里士多德的讨论之中。亚里士多德认为，我们并非不经思考地模仿我们在艺术作品中所看到的一切。如果艺术作品是以负责任的态度创作的，我们会思考我们所看到的，然后决定在其他事物方面模仿它**是否**可取。

亚里士多德是第一个声称艺术有极大教育作用的哲学家。他激动地说，民主政体中的戏剧和音乐创作人负有如此重大的责任，他们应该被公众任命为官员，地位仅次于祭司，甚至应当优先于公众所任命的大使和传令官。除了伦理学题材，亚里士多德还频繁地在作品中引用其他多样的题材，例如神话、著名剧作和史诗中的事例。他关于人类品质中的过度和不及的探讨很大一部分都来自他在当时的喜剧中观察到的角色模式。我们可以确信，如果他生活在当下，他会酷爱电视节目、小说和电影，并且会用这些阐释道德观点。他是史上第一个为故事和娱乐演出的教诲潜能做论证的思想家，很多近代和当代哲学家在将他的观点运用于阐释电影时仅仅是进一步发展了这些观点。

举例来说，瓦尔特·本雅明[1]认为艺术，特别是电影，能够

---

1　瓦尔特·本雅明（Walter Benjamin，1892—1940）：德国哲学家。

提升我们的道德、社会和政治生活。艾莉丝·默多克[1]、玛莎·努斯鲍姆[2]和保罗·W.卡恩[3]都曾辩称，哲学思想，特别是伦理学思想的最好、最精妙、最易于理解的解释并非在学术论著中，而是在艺术作品所描绘的特殊案例中，因为这些案例来自实践应用，因此在情感上扣人心弦。[4]

今日要接触优秀的艺术远比在亚里士多德的时代容易，那时戏剧只在特定的节庆时期上演。互联网让观看和选择那些我们自己及我们的孩子可以接触到的电影、戏剧、书籍和电视节目比以往任何时候都更加便捷。高品质的娱乐加以一定的规划，能够在日常生活中促进我们的幸福、增加我们的智慧。观看电影的成本低廉，可以在家中，甚至在医院的病床上，因此是一种真正民主的艺术形式。我有位密友身患多发性硬化症，生命逐渐枯竭，即使几乎无法挪动身体的任何部分，他也仍在他收藏的海量 DVD 中获得了极大的慰藉和满足。

亚里士多德在《诗学》第二章中提出了终极问题：为什么人类不同于其他动物而拥有艺术？首先，我们生来就比其他动物更

---

1　艾莉丝·默多克（Iris Murdoch，1919—1999）：英国剧作家。

2　玛莎·努斯鲍姆（Martha Nussbaum，1947—　）：美国哲学家。

3　保罗·W.卡恩（Paul W. Kahn，1952—　）：美国法学家。

4　Iris Murdoch, *The Sovereignty of Good* (London: Routledge & Kegan Paul, 1970).——作者注

具模仿的本能。幼儿们从模仿其他人的行为中学习最初的生存方式。其次，任何年龄和职业的人都**喜爱**模仿的艺术。我们从观看画作或表演中获得**快乐**。总体而言，自然用快乐将所有动物引向对他们有好处的东西：营养或种族繁衍。而在人类，这种高级社会动物身上，从观看画作和戏剧中获得的快乐能帮助我们**认识世界**。艺术可以成为一部关于人类经验的浩大百科全书，让我们学习各种事物，不论其主题有多么艰深，哪怕我们绝无机会在现实中直接经验。

亚里士多德还注意到，我们不但能够忍受，而且**实际上还很喜欢**观看对一些事物的写实主义艺术模仿，但假如我们在现实中观看这些事物，就会令我们痛苦而不是快乐。他举的例子是令人厌恶的生物和人类尸体。如果见到真的蜘蛛或水母，我们可能觉得很糟糕，但由于亚里士多德曾经解剖它们并仔细绘制了图解，他知道一幅乌贼的图画能让哪怕从没见过这种无脊椎海洋生物的动物学学生也学到很多有关这一物种的知识。

另一个例子尸体也十分有吸引力。亚里士多德不太可能真的有机会解剖人类尸体，但我们知道古代艺术和文学中出现了大量死尸。荷马的《伊利亚特》大部分是关于在战场上被杀死的英俊战士们的尸体的，例如帕特罗克洛斯和赫克托耳的。希腊悲剧甚至要求观众长时间观看遭到近亲谋杀的人的尸体，例如在欧里庇得斯的《美狄亚》结尾，伊阿宋和美狄亚的孩子们吊在他们母亲的马车上，或是在索福克勒斯的《安提戈涅》结尾，克瑞翁在舞台上抱着自杀的儿子海蒙流血的身体哭泣。亚里士多德说，艺术让我们思考尸体，哪怕是在可怖的情形下死去的人的尸体，并且以一种快乐的方式学到一些哪怕和死亡一样恐怖的东西。

这一革命性的洞见有助于解释为何我们阅读小说，或者到艺术画廊、电影院和剧场，去让自己沉浸在暴力和苦难所刻画的世界里，其强度和规模都是我们在现实中绝对无法忍受的。毕加索在《格尔尼卡》（1937）中描绘的被法西斯轰炸的西班牙小镇的苦难让我们得以自我教育；拉尔夫·瓦尔多·艾里森（Ralph Waldo Elison）的小说《看不见的人》（*Invisible Man*，1952）所写的，20世纪30年代纽约的非裔美国人的困境让我们感同身受；而杰姬·科恩（Jenji Kohan）的热门电视剧《女子监狱》（2013）又让我们了解联邦监狱中诸多女囚的经历。并且，这种教育的形式正如亚里士多德所说，"不仅让哲学家快乐，也让其他所有人快乐"，即使对层次不那么高的人亦如此。在艺术和知识的获取方面，亚里士多德是毋庸置疑的民主派。

而亚里士多德为所有艺术开出的处方很简单。任何戏剧、诗歌、画作或雕塑要想成功，就需要给观众、读者、听众们带去快乐或者用处。如果一部电影既无观看的乐趣，又没有丝毫教益，那么没人会去看它。但亚里士多德还坚持，一件**好的**艺术作品需要二者兼有。这条可贵的主张为一切艺术门类的批评家评判作品价值提供了一条黄金标准。"我享受它吗？"这个问题很重要。但如果"我从中学到了什么吗？"这个问题的答案是否定的，那这部作品是不是高品质就需要打个问号了。

剧场和电影院的制作人和投资人应当像重视娱乐一样重视教育。眼下的伦敦剧院充斥着浮躁、迎合观众的戏剧，电影院里则是无穷无尽的重制、翻拍、前传、续集和外传，包括漫画里的超级英雄，或是持枪的秘密特工挫败所谓恐怖分子的阴谋。激烈嘈杂的动作场面或精心制作的数字特效镜头在电影中所占比例往往远多于各种类型的对话。2015 年，布莱德利·库珀因在《美国狙击手》中的表演获得奥斯卡最佳男主角提名，而大卫·奥伊罗（David Oyelowo）在《塞尔玛》中对马丁·路德·金的精彩扮演却未能给他带来提名。问题不在于《美国狙击手》没有乐趣，演员们都很好，表演也到位，电影也对士兵们面临的情感问题做出了一些探讨。但从《塞尔玛》中，你不但能了解很多民权运动的相关内容，还完全能同时享受它带来的乐趣；而从《美国狙击手》中，除了知道一点如何操作麦克米兰 TAC-338 狙击步枪，你就学不到其他任何东西了。

从故事中学习历史能极大地提升你的生活。如果把小说、戏剧或电影巧妙地结合起来，你甚至不需做出什么努力就能在快乐的海洋中学习。那些以严谨的历史考据著称的作家、导演和编剧们所创作的充满想象力的情节可以和历史知识手册一样富有启发性。玛丽·雷诺特（Mary Renault）对古希腊历史做了出色的再现，特别是她的小说，《阿波罗的面具》（*The Mask of Apollo*，1966）。该书将时代设置于亚里士多德生活的公元前 4 世纪，它滋养了我少年时期对古典学的热情。由于大部分历史都是一群人对另一群人所犯下的一系列野蛮行动，因此通过能带来满足感和恐惧感的艺术媒介学习历史显然是有意义的。每个人都能列出他们自己的书单：我的要以威廉·戈尔丁（William Golding）的《继承者》（*The Inheritors*，1955）开头，这部小说以戏剧的方式展现了尼安德特人同智人的相遇。还有泽维尔·赫伯特（Xavier Herbert）的澳大利亚史诗《卡普里柯尼亚》（*Capricornia*，1938）、萨尔曼·鲁什迪（Salman Rushdie）的《羞耻》（*Shame*，1983），这部书让我终于理解了巴基斯坦的政治，以及玛格丽特·沃克（Margaret Walker）的《喜悦》（*Jubilee*，1966），这是讲述美国内战和重建的最伟大的小说之一，不过是以下层阶级的视角。

用亚里士多德的伦理观去观察世界的优点之一是，它使得用非评判性的方式去分析他人的生活也变得十分有趣。考虑他人性格和行为中的何种品质会带来幸福或不幸，分析他人如何做出艰难的选择，或是如何应对突如其来的不幸遭遇，这些都让人快乐，且富有教益，同时为你提供了模仿的榜样或是反面教材。现实生活中总有大量伦理方面的事例可以观察和分析，而以伦理的视角来看，真实的历史同样激动人心。为何当波斯入侵希腊时，列奥尼达一世要带着几百名斯巴达战士去温泉关赴死？后来发生的事说明，这是一次提高全体希腊人士气及鼓励他们对抗波斯帝国主义的有效政治宣传。但关于人物品质、筹划过程，以及列奥尼达一世想要维护的利益（毕竟他只带了年老的、已经做了父亲的战士们）和最终动机都有无数分析。历史就像一个训练场，让我们锻炼自己的伦理"肌肉"，故事也是如此。

亚里士多德看重虚构故事的自由，认为它将重要的伦理情境带入现实。作者们在"可能发生的事"或者针对（场景设置于过去时代的故事中的）"当时可能发生的事"这些方面做文章，他们需要努力思考伦理，以及如何让事件的展开令人信服，就像亚里士多德说的"根据或然律或必然律"展开。这让他在《诗学》第九章中得出了不可避免但却是革命性的结论：虚构类（他指的是戏剧）比历史更具哲学性、地位更高——因为诗倾向于表现普遍事物，而历史则表现个别的具体事物。亚里士多德醉心于这样的观点：某种类型的虚构，例如描写神话时代的悲剧，相比于对事实的陈述，有着更为广泛的范围，因为前者"根据或然律或必然律"探究"某种类型的人在特定场合下如何言说或行动"。

到亚里士多德的时代，世界上已有超过两千部悲剧，而《诗学》中涉及的剧作范围之广，表明亚里士多德自己阅读或观看了大量戏剧。他理解这些剧作，而关于如何从符合他的伦理学著作观点，并且完全基于人类经验道德的角度欣赏这些虚构故事，他也提供了集中分析，这让他的戏剧分析超越了时间。他问，为何坏事会发生，并且把原因或多或少归结为两点：人为错误和不可控意外事件。（而他实际上忽视了一切悲剧文本中出现的宗教原因。）人类作为有理智的道德主体，处于一个有很多因素既不能为理智所理解又不能为道德能动性所控制的世界中，因此，人毫无争议地成了亚里士多德艺术理论的中心。亚里士多德为世界上神圣正义的完全**匮乏**而着迷。

这就是为何在阐释艺术理论时，亚里士多德最喜欢索福克勒斯的《俄狄浦斯王》，这部悲剧将大部分重心放在人生中命运、幸运或机运的绝对不公正之上。俄狄浦斯最后发现了可怕的事实，即他先是在一次半路上的失控冲突中杀了自己的亲生父亲拉伊俄斯（尽管他当时并不知道其父的真实身份），然后又娶了自己的亲生母亲伊俄卡斯忒，还同她生育了四个孩子。这是一个遭遇不公正命运的鲜明例子，因为这一可怕的命运早已被赋予了拉伊俄斯和伊俄卡斯忒任何活下来的儿子。俄狄浦斯甚至在自己还没有察觉的时候就已经走向了可怕的未来。

索福克勒斯认为俄狄浦斯在弑父和乱伦的罪行中是毫无责任的，因为他虽然拥有过人的智慧，却对这两桩罪行毫不知情。由于数年前在可憎的斯芬克斯的威胁中将忒拜人民从灾难中拯救出来，他赢得了忒拜的王位，以及美丽的王后。但他自己当然也是一切苦难的根源，他的罪行让城市遭到诅咒。这部悲剧展示的矛盾在于，一个没有这般强大智慧和魄力的人可能永远也不会发现自己的真实身份：如果不是俄狄浦斯焕发的才智，他可能同伊俄卡斯忒一起幸福生活到老，对他们真实的关系丝毫不觉。然而他们通过推理发现了这层关系，伊俄卡斯忒还比她的丈夫早几分钟知道了这一事实。在这部悲剧中，夫妻双方共同经历了痛苦的"发现"[1]，即俄狄浦斯就是当年伊俄卡斯忒下令抛在山野间任其死去的那个婴儿。伊俄卡斯忒走进他们的卧室上吊自杀，俄狄浦斯跟进来，取下伊俄卡斯忒尸体上的胸针刺瞎了自己的双眼。他的兄长克瑞翁夺取了城邦的权力，强迫俄狄浦斯同他的两个孩子，

---

[1] 亚里士多德在《诗学》中认为"发现"和"突转"是悲剧情节的两大基本要素。"发现"指人物对事实由不知到知的转变，例如此处俄狄浦斯和伊俄卡斯忒获知俄狄浦斯的真实身份。"突转"则指人物命运或故事情节的突然反转，如俄狄浦斯由智慧、幸福的国王变成弑父娶母的罪人。

他的姐妹及女儿[1]安提戈涅和伊斯墨涅分离。一日之内，忒拜这位大权在握、受人崇拜的僭主先是发现自己是王位的真正继承人，接着失去了地位、家庭和视力。

索福克勒斯描绘的现实图景是一个由于热切寻求对不可解决问题的解决之道而处于自制边缘的人。观众始终需要在其人格特质和厄运之间做出区分，前者导致其经历和人生的结果，后者从不受其控制。难怪亚里士多德将之作为一个伦理学案例来品鉴。索福克勒斯对情节、角色性格、思想活动和角色间相互交流的言辞进行了细致入微地计划和安排。亚里士多德认为，悲剧的四个要素[2]按重要性排序依次是：情节（muthos）、性格（ethos）、心灵活动（dianoia）、语言（lexis），亚里士多德认为这是这类体裁最关键的要素。这条原则如今依然真切地适用于一切优秀的故事。

在亚里士多德看来，俄狄浦斯是一个典型悲剧人物，因为他最能激发我们的怜悯和恐惧，亚里士多德视这二者为对悲剧最为恰当的情感反应。当这位被废黜的忒拜君王蹒跚着走下舞台，鲜血从其眼窝里倾泻而出时，我们不可能不分担他的痛苦。而由于

---

1 安提戈涅和伊斯墨涅是俄狄浦斯同伊俄卡斯忒生育的女儿，故既是俄狄浦斯的女儿，又是其母亲伊俄卡斯忒的女儿、他的姐妹。
2 实际上亚里士多德提出的悲剧要素共有六个，作者未提及的两个是戏景和唱段，可能是因为这二者同伦理无关，故而略去。

他对此无能为力，我们会害怕此种可怕的命运也发生在自己身上。在《诗学》灿烂夺目的第十三章里，亚里士多德解释说，要正确地激发起观众的怜悯和恐惧，英雄人物必须具有正确的道德本性。我们需要看见人在生命中经历剧烈的突转，而最为悲剧的就是让一个人由于一些错误（hamartia）从幸福和成功坠入悲惨和失败之中。

亚里士多德坚持说，唯一能让我们**评价人物品格的方式**就是实际观看他们的行动与言辞。英雄的错误并非永久性的心理缺陷或倾向，而是他们说或做的事，或者本应做或说却疏忽了的事。对亚里士多德来说，像其他优秀的悲剧一样，**人类伦理存在于行动之中**。赋予优质的故事，戏剧、电影、小说重要性的，正是以人为中心的、对道德和心理的关注。这样的故事拥有独一无二的能力，能让我们哪怕在快活的娱乐中也能认识我们自己、黑暗的主题和整个世界。

有一个词同大众对亚里士多德的想象最密不可分，那就是他的悲剧理论中的"净化"（catharsis）。观看悲剧激发怜悯和恐惧的情感，进一步引发"对这些情感的净化"。亚里士多德是一位杰出的医生的儿子，他应该目睹了，甚至还可能参与了很多治疗。由于他到过希腊的很多地方并在那些地方居住过，他应该能够比较各地五花八门的治疗手段。

在《政治学》中，亚里士多德提到音乐的作用正如一些宗教仪式的体验，通过"某种伴随着快乐的缓解和净化"来治疗那些情绪易于激动的人。这些论述也构成了关键的证据，即在古希腊，一些特殊的宗教音乐何以被认为拥有助人控制极端情感的力量。如果亚里士多德在《诗学》中提及悲剧净化时，脑海中响起了这些"宗教音乐"，那我们就需要想象，悲剧能够激发观众身上早已存在的强烈情感。它是一种顺势疗法，不仅令观众感到快乐，还让他们在剧场体验结束后能更好地应对这些情感。

在古代世界中，戏剧和医疗之间的一些关联是能被察觉到的。古希腊悲剧诗中存在大量医学隐喻。据说，索福克勒斯在自家供奉着医药之神阿斯克勒庇俄斯，这位神明的神庙往往建在临近剧场的地方，例如在埃皮达鲁斯、科林斯和布特林特（在今阿尔巴尼亚）都是如此。用冒着时代倒错风险的类比来说，亚里士多德大概是在描述一种如今的我们更为熟悉的体验，即观看"催泪片"。这类电影往往包含感人至深的场景、伴随着催人泪下的旋律，让人为了荧幕上的角色而"享受"一场痛哭。至少在英国，好友们，特别是女性好友们，甚至会组织准备有大盒纸巾的聚会，结伴享受"催泪片"。我个人也能证实，这种体验确实能带来一种对精神痛苦的净化和缓解，同时伴随着快乐。

《诗学》教我们如何以伦理的方式阅读文学作品、观赏戏剧、思考艺术。如果我们决心用亚里士多德的方式让自己幸福，这种方式会丰富我们的日常生活。对有抱负的写作者而言，这也是一条珍贵的建议，特别是有关悲剧的四种要素：情节、性格、心灵活动和语言。这些最重要的秘密隐藏在无可比拟的第六章、第九章和第十三章中，但有创意的艺术家们还能从别的地方得到更多灵感。亚里士多德认为，完美的情节需要紧凑、前后一致的行动，这个观点能帮作者们防止故事情节过于散漫，以至于让观众难以集中注意力。显然，在亚里士多德的时代，一些戏剧作家相信，只要聚焦于同一个英雄人物，例如忒修斯或赫拉克勒斯的生平和经历，就能让整个作品足够紧凑。亚里士多德却知道，这种做法很容易让故事松散、充满旁枝末节、缺乏主线。我们也知道，亚里士多德是正确的，有多少"传记片"难以通过表现单一人物的生活来创造一种现实的连续感？更别说展现出按时间顺序排列的各个场景之间的联系了。

尽管在现存的所有亚里士多德作品中，他对戏剧的论述最深入，但这并非他唯一论及的闲暇活动。不过亚里士多德并未具体说明如何安排我们的闲暇来实现一种有益的自我实现，因为这不是可以标准化的。我们每个人各不相同，必须就如何有目的地利用闲暇做出自己的判断。但我确定，亚里士多德说到了自我教育的所有面向。从一个叫克里特的赫拉克莱德（Heraclides of Crete）的作家那里，我们知道普通公众在闲暇时十分踊跃地参加哲学家们例如亚里士多德，在雅典举办的演说。但亚里士多德还有其他建议，比如经营人际关系对幸福十分重要。这表明同谁度过闲暇，以及如何度过闲暇也很重要。他的理想共同体建立在良好的互惠行为和公民和谐一致的基础上，这说明包括做志愿者、参与政治或在本地社交等在内的闲暇活动在本质上都是有益的。重点是，闲暇并非第二等事物，充分利用闲暇甚至比工作需要更多思考和努力。因为我们在闲暇时发现真正的自我和最大的幸福。

10

死 亡

对幸福的思考无一例外地包括了对死亡的思考。不论我们对宗教、神明和来世有什么看法，我们都确知，我们所爱的人会死。我们当下正在体验的肉体生存总会终结。亚里士多德强调，思考我们自己的死亡是活得好与幸福的必要环节，但他也正视了另一个现实："死亡是最可怖之事，因为它是万物的终结。"我们如何像亚里士多德一样，既能直面这种令人痛苦的认识，又能趁我们还活着时利用这一认识来增加我们获得幸福的机会呢？

原始人向来对死亡怀有恐惧之情。早在五万年前，尼安德特人就为死者举行出奇复杂的仪式，首先用花朵和红色赭石装扮他们，然后小心地将他们埋进浅坟。人类最古老的史诗《吉尔伽美什》就描述了英雄主人公对不朽之奥秘的追寻。对死亡的沉思自然带来了一些无法回答的问题，关于存在的奥秘，以及不可见的力量对可感世界的推动。我们还是孩子时就会问这些问题。我为什么在这个世界上？我从哪里来？什么人或物掌控这个宇宙？诸神存在吗？他们关心我和我的行为吗？我应该信奉他们吗？我死了以后会怎么样？应该允许自杀行为吗？我爱的人死去之后，我还会同他们有交流吗？

即使周旋于日复一日的生活琐事间，这些显著的问题也会在我们的脑海中时隐时现。当我们开始一个人生的新阶段，发现或实现自己的潜能、努力工作、结交朋友、开始恋情、为人父母、做出抉择、享受娱乐之时，这些问题显得十分遥远，几乎可以无限搁置。但在另一些时刻，当这些问题变得棘手时，它们会猝不及防、毫无警示地到来，当我们自己或我们爱的人患病或重伤、被诊断出有危险或晚期疾病、时日无多，以及自杀或是失去亲友时。如果我们的孩子或依靠我们生活的人想知道答案，或在失落和极度痛苦中需要安慰时，这些问题也会变得十分紧迫。事故或濒死体验造成的极端创伤也可能让人需要更深入地理解自己同死亡和宗教信仰的关系。正像彼得·威尔导演的《无惧的爱》（1993）中杰夫·布里吉斯所饰演的角色那样，从空难中生还之后，他开始怀疑关于生死的、曾被他视作理所当然的一切。

即使你出于宗教或精神的原因而相信某种来世的可能性，在现世，亚里士多德所说的关于死亡的大部分内容也仍然有益于你和你所爱的人。他的老师柏拉图也就死亡在人生中的角色说过很多，尽管他认为死亡仅仅是对现象物理世界做出一些浅层次的改变。对柏拉图而言，人的灵魂是不死的，会不断地在物理世界中转生，而灵魂复归的那个不变的、完满的超验世界则被早期基督徒看作造物主上帝。亚里士多德清楚，很多读者可能信仰来世。曾有一个叫欧德摩斯的塞浦路斯人于战争中死去，为了安慰他那失去亲人的、未曾受过哲学训练的亲友，亚里士多德写过一篇演讲稿，其残篇有线索表明，他的伦理学能够同他的读者们对灵魂不朽的信念相容。但亚里士多德自己无疑是将死亡视为终结的，就像如今大部分无神论者和不可知论者一样。他在《尼各马可伦理学》中说，你或许**希望**自己能永生不朽，但你不能**选择**如此，因为这是不可能的。

与此共鸣，亚里士多德有部作品《生成与毁灭》，任何其他观点都无法同他在这部作品中展现的对世界的科学理解相容。物理世界中的一切，包括人类，都处在永恒地产生或生成、成长、变化、衰退和终止的过程中。死亡到来是因为生物体内的热遭到破坏。只要这与生俱来的热还存在，动物的生命就能延续。正是这热，亚里士多德说："可以说'点燃了'意识。"死亡时，热熄灭，由热的身体和意识或"灵魂"组成的复合有机体就开始消解了。像他在《论灵魂》中写的那样，生命不再有感觉，也不再进行那些可以说属于个体的"人"的理智活动。

后来的很多哲学家都同意亚里士多德的看法，认为人类个体的意识在死亡时即停止运作，就像关上灯或拔掉电源插头一样。因此这种悲观的展望始终是哲学思想的主流。面对濒临死亡或痛失亲友的人，顾问和精神治疗师们倾向于把工作的终极目标放在**接受**死亡，也就是"平静地走出来"上。但是亚里士多德实际上不会这样处理问题，他认为死是人类所面对的最大的恶。亚里士多德哲学的可靠的真理是：你将他的伦理学实践得越好就会越幸福，而基于这一点，你死的时候失去的也就越多，至少乍看起来是这样。如果你有非常好的人际关系，那么想到同你所爱之人的联系全部终结，会给你因为爱他们而感受到的快乐笼罩上极度且不可承受的阴影，这阴影会让任何关于死亡的哲学或神学的慰藉都看起来毫无用处。罗伯特·格雷夫斯在其热烈的诗作《纯粹的死亡》中，观察到了这一点：

> 我们看过，我们爱过，然而旋即
> 死亡便使你我惊惧。
> 凭爱我们摆脱天生的恐怖，
> 从每个令人宽慰的哲学家
> 或高大、灰发的神学博士那里，
> 而死亡终于伫立在他真正的位阶上。

亚里士多德深爱自己的家人和朋友，关于死亡，他思考良多。如果知道早于他两个世纪的中国哲学家孔子对死亡的态度，他可能会做出不同的反应。孔子认为应当注重在此世过道德的、好的生活，而不是思考鬼神或来生。亚里士多德会赞同这一点，但他会批评孔子对探讨死亡的彻底回避。因为亚里士多德的伦理学中包含一些方法，能够缓和死亡带来的毁灭性，因此能提供一定的慰藉。但是对亚里士多德这样不但在理智上十分坦率，而且对充满好奇的人而言，对死亡问题的**回绝**或干脆闭上眼睛无视之，是不在选项范围内的。在他的哲学里也没有任何迹象表明我们必须安静地**接受或以默许的态度**面对死亡。一种流行的观点认为，**承认**我们会死并且直面有关死亡的一切能够有效地指导我们更好地生活和死亡。但这不是说我们不能像狄兰·托马斯要他父亲做的那样"怒斥光的消逝"。伊莎贝尔·科赛特在 2008 年的电影《挽歌》中充分探讨了这种愤怒，这部电影改编自菲利普·罗斯的小说《消逝的动物》（2001），描写的是一位赫赫有名的公共知识分子无法坦率地接受年迈和死亡的临近。

在亚里士多德之后，关于死亡的哲学观点极为多样，但鉴于亚里士多德是首位毫不动摇地面对意识之停止的完整含义的思想家，这些观点最终都能追溯到他身上。在极端的观点中，人们认为愤怒是对必死性唯一合情合理的回应，并且采取了类似狄兰·托马斯之命令的立场，拒绝"温和地走进那个良夜"。例如，南斯拉夫裔美籍哲学家托马斯·内格尔就曾说，生命让我们对它带来的美好事物习以为常，因而在死亡时，无论在什么年龄失去后者都包含被剥夺的意味，不管被剥夺的是自我、感觉还是体验。[1] 保加利亚裔德籍犹太作家埃利亚斯·卡内蒂在英国度过了生命中的大半时光，并于 1981 年获得诺贝尔文学奖，他坚信我们不应试图接受死亡，而应该视死亡为无用且邪恶的："一切存在最根本的疾病，不可化解亦不可理解。"他蔑视一切试图赋予死亡以意义的宗教尝试，声称平静地接受死亡甚至好比接受谋杀。[2] 西班牙哲学家、古典学家米盖尔·德·乌纳穆诺认为，人类受困于一种永恒的、无法解决的悲剧性冲突，冲突的一方是感性的自我，渴望着永恒存在，另一方是理性的自我，知晓生命有机体必定终结。但不同于内格尔和卡内蒂，乌纳穆诺确实得出了亚里士多德式的结论，认为努力过一种德性生活**确实**重要。基于对这一点的承认，死亡的确是一种剥夺，近于谋杀，是一出悲剧："人都在迈向死亡。倘若虚无正等待我们，让我们如此行动，因为那是不公的命运。"[3] 死亡的不公正恰恰是努力过善好生活的

1　Thomas Nagel, *Mortal Questions* (Cambridge: CUP, 1979), pp. 1–10.——作者注

2　Elias Canetti, *The Human Province*, translated by Joachim Neugroschel (New York: Seabury Press, 1978), pp. 127–128, 141–142.——作者注

3　Miguel de Unamuno y Jugo, *The Tragic Sense of Life in Men and in Peoples*, translated by J. E. Crawford Flitch (London: Macmillan, 1921), p. 263.——作者注

理由，唯有过一种善的生活才能让死亡的到来显得不公。

布莱兹·帕斯卡尔在《思想录》（1670）中生动地描述了死亡的不公：

> 想象一些被锁链束缚的人，他们都被判了死刑。每天，其中一些人都会当着另一些人的面被处死，那些尚未被处刑的人在其他人身上看到了自己的结局，他们等待着属于自己的时刻，忧愁地望着彼此，全无希望。这就是人之境况的真实写照。[1]

帕斯卡尔所说的被锁链束缚的人们，同萨特在其短篇小说《墙壁》（1939）中谴责的西班牙多人牢房、伊丽莎白·毕肖普在诗中写到的牙医诊所候诊室、《圣经旧约·诗篇》23: 4的死荫的幽谷，以及塞缪尔·贝克特的戏剧《等待戈多》中那棵倒下的树一样，是对终有一死的生命的隐喻。但亚里士多德会坚决反驳帕斯卡尔：我们并非被锁链束缚，也没有被迫花费一生的时间旁观同伴的死亡。我们拥有自由意志、能动性，以及通过正确的生活方式和爱的关系获得巨大幸福的潜能。我们可以希冀住在舒适的家中、向着自己的目标奋斗、投入有益的工作和娱乐活动中、享

---

1 Blaise Pascal, *Thoughts*, translated by W. F. Trotter (London: Dent, 1908), p. 199.——作者注

受感官的快乐、为自然界的丰富和美丽而惊叹，在大部分清醒的时间里思考死亡之外的事。一些哲学家，例如海德格尔、加缪、萨特和福柯，在死亡问题上纠结往复，近于恋物癖，亚里士多德会觉得这是一种过度。如同道德世界的一切，不及与过度的中道对人与死亡前景的搏斗同样适用。

适度地"展望结局"有助于我们做亚里士多德最希望我们做的事，即以最好且最令人愉悦的方式生活。蒙田对亚里士多德怀有爱恨交织的情感，他几乎始终思考着自己的结局，也许在这一点上他是过度了："我在各个方面都摆脱了束缚，也已经对除我自己之外的所有人做了一半告别。从未有人比我更彻底和完备地准备离世，亦未有人比我更加全面地打算如此。"但在思考自己的死亡时，蒙田发现了一点：这让他恢复了全部生命力，让他感觉自己更加是"**活着**的"[1]："当我跳舞时，我只是跳舞；当我睡眠时，我只是睡眠。"[2] 与此类似，尼采认为，直面我们的必死性、拒绝对来世抱有希望使得我们必须对现实状态承担起完全的责任，这反过来要求我们以更强大的精力生活得更好。

---

1 此处作者用词为 alive，本意是"活着的"。中文里，某人是"活着的"在语法上本不可用"更加"修饰，但翻译成语法上更合适的"有活力"似乎削减了作者想表达的那种全情投入生活、拥抱生活的感觉。

2 *The Complete Works of Montaigne*, translated by Donald M. Frame (Stanford: Stanford University Press, 1957), 1.20 and 3.13.——作者注

道德上的自足或自主指个体的独立，要求个体"对自己诚实"。承认唯有你自己才能面对自己终将到来的死亡，而没有替身能帮你经历这一切，这就是对**你自己**诚实的一部分。海德格尔是一位思想晦涩难懂的哲学家，他对存在之本质的思考通常不同于亚里士多德，在《存在与时间》（1926）中，海德格尔将死亡看作本真的人类主体概念的核心，即"我"意指独一无二的自己。海德格尔认为，一切人都遭受着两种倾向的撕裂，一边是遵循规则、恪守社会的规范价值，另一边是强烈地感知到自己是独立而坚实的主体，是分离的、本真的"我"。按照社会对我们的期望行事会麻醉我们，使我们感觉不到自己那独特的、单数的自我，而这单数性也正是我们死亡之时无可回避的孤独之所在。这样一来，为了在我们还活着时对单数的自我保持本真和诚实，我们就应该"向死而生"，并且沉思我们自己的死亡。海德格尔说，当"向度"是死亡时，"一切共在他者都会"阻碍我们，而随着意识的终结，我们对自己独特本质的感知也停止了。然而与此矛盾的是，对此的认知能让作为更有力、更坚定的道德主体的我们回到工作和人际交往的现实世界中。[1]对死亡所摧毁之物的感知

---

1　Jeff Malpas, "Death and the unity of a life", 载于 Jeff Malpas 和 Robert C. Solomon 编辑的 *Death and Philosophy* (London & New York: Routledge, 1998), pp. 120–134。——作者注

还能让我们更有创造力，正如米开朗琪罗所说："我的思想没有哪一部分是未经死亡的刻刀所雕琢的。"

亚里士多德在探讨如何判断一个逝者是否幸福时，曾揭示过死亡的一种十分奇特的、能够慰藉人心的特征：在你死后，有些事情会改变，但（令人诧异的是）有一点完全不会变，那就是逝去的那个"人"。你独特的自我变得更为清晰、明确，这恰恰因为你在死亡中失去了改变人格的能力。死后，在你留下的记录和他人的记忆中，你作为一个独特个体的"自我"得以完成，不再受到外界变化的影响。[1] 某个家人虽然逝去，但他们独特的人格仍在继续产生影响，而且往往是更强大的影响，这是因为死亡凸显了他们对家庭所做贡献的程度和质量。假设你有三个兄弟姐妹，其中一个去世了，你仍旧会是四兄妹之一。华兹华斯[2]在《我们七个》中深刻表达了这种情况，诗中的小女孩坚持说"我们七个"，尽管一个哥哥和一个姐姐"躺在教堂院子里"。因为孩童尚未充分实现他们的潜能，因而他们的死亡显得最为不公。有两部出色的电影探讨了这种痛苦的深度及多种可能的应对方式，一部是阿托姆·伊戈扬（Atom Egoyan）的《意外的春天》（1997），

---

1　Ivan Soll, "On the purported insignificance of death", 载于 Jeff Malpas 和 Robert Solomon 编辑的 *Death and Philosophy*, pp. 22–38。——作者注

2　威廉·华兹华斯（William Wordsworth，1770—1850）：英国"湖畔派"诗人。

讲述了寻找死亡替罪者的冲动，另一部则是由肯尼思·洛纳根（Kenneth Lonergan）执导的《海边的曼彻斯特》（2016），令人心碎，极富表现力。

亚里士多德发现，一切生物都逐步发展出意识，能够在适合的环境中成长至实现自己的全部潜能，而后又逐渐衰落最后死去。也就是说，每个生命都拥有自己的故事线，自己的"轨迹"，就像一部好小说里的人物那样。随着时间的变迁，人物获得了叙事上的统一性，这也是亚里士多德在《诗学》中所说的，好的戏剧或史诗应该具备的。他以戏剧类比，认为在评价戏剧人物"总体"幸福时，他早年的遭遇多少比死后发生的事更重要些。一个赞成亚里士多德伦理学的人会在理智层面理解这一观点，即他拥有自己的人生，那是一段完整统一的时光，期间他作为一个独特的实体存在于世间。假如他对自己负责并且作为一个自足的主体行动，他就能够支配自我，可以书写自己的故事、完善自己的整体性、一致性和完整性。人类的确会按照故事线来思考，而"向死而生"能帮我们做好准备去面对不那么让我们满意的最终章。这种看待人生的方式会带来巨大的慰藉。亚里士多德知道，我们会在情感上对一个有所准备的终结感到多么欣慰。如今的心理学家们相信，对终结的欲求是根植在人的大脑中的，这也许有一定的生物基础，随着我们年龄的增加，它能帮助我们面对衰老和即将到来的死亡。[1]

亚里士多德的伦理学鼓励我们根据我们想要付出的努力去规划人生，以便实现我们作为人类的潜能。近来有一种流行的趋势，让将死的人们列出他们最想完成的事项。罗伯·莱纳（Rob Reiner）执导的电影《遗愿清单》（2007）展现了两个即将死去的人，他们把自己尚未完成的愿望列出来，然后开始一一实现。这些愿望包括跳伞、飞越北极、攀登珠峰。电影激励人心，还帮助了很多被确诊患上绝症的人。同样的电影还有黑泽明的《生之欲》（1952），这部电影部分受到托尔斯泰的《伊万·伊里奇之死》（1886）的启发，讲述了一个东京的小公务员患上无法治愈的癌症，却感到自己一生庸庸碌碌，没有做成任何有意义的事。他对此的回应是，在生命中最后的日子里成功游说政府部门，为城市里的孩子们新建了一块操场。

亚里士多德式的愿望更多关乎持久的、有内在关联的事业，绝大多数人都有一系列这样的事业，它可以是对孩子的抚养教育、珍视的友谊、自己开创的生意、用心打理的屋子或花园、捐助的基金会、管理的学校、喂养的狗、追求的爱好、登过的山、政治主张、写过的书或者是收藏的古董。我们的人格将这些事业

---

1 Kathleen Higgins, "Death and the skeleton"，载于 Jeff Malpas 和 Robert Solomon 编辑的 *Death and Philosophy*, p. 43。——作者注

联结起来。一个亚里士多德主义者在持续的基础上培育这些事业，将他或她的过去、现在和未来连接在一起。思考死亡能够增加这些事业成功的可能。每项事业或多或少都会被他或她的死亡影响，一些会随着死亡而终止，另一些则不会，这就是严肃的思考、必要的行动的重要性之所在。

去和亲密的家人朋友讨论你自己的死亡。这些事业，即爱的关系是不会因为死亡而终结的。值得庆幸的是，在我们中，几乎没有谁会面对人生中**一切**事业的终结。一切事业的终结，这是连亚里士多德主义者也会觉得无法承受的情况。关于全部幸福的能力都被摧毁的人，亚里士多德举过一个例子，就是普利阿摩斯，他目睹了所有儿子的死亡，而他统治了那么久、那么好的城市被夷为平地。不过我们多数人不会遭遇普利阿摩斯的悲惨命运。尽管你自己的意识停止了，但你爱着的人将会活下去，并且依然是你所爱的人。想要顾及他们的利益，你不但要考虑感情上的后果，还应该告知他们你希望接受的临终治疗方案，你遗嘱中没有提到的小额财产、你的葬礼，还有你的遗物如何处理。我有个同事，丈夫已经去世，她从没问过丈夫希望把骨灰撒在哪里，所以陷入了不必要的消极情绪中。由于不知道该将骨灰撒在哪里，她从感情的角度就做不到把骨灰从火葬场取回来。思考死亡甚至有助于你获得力量及变得自律确保事业顺利进行，例如准备建立慈善基金的文书、写一本小说，或是准备攀登乞力马扎罗山。你的继承人会继续你的部分事业，因此重要的是弄清楚，对我们花了很多精力打理的漂亮的房屋，或是成功的生意，抑或是古玩收藏，我们是否希望在死后仍有人继续下去，又或是谁能继承它们。

亚里士多德本人重视好好地死去正如他重视活得好一样。他并未在哲学作品中详细探讨如何面对死亡，但关于他的死亡及现实遗嘱的描述留存了下来，成了我们所有人的典范。

亚里士多德于公元前32年死于离开雅典的流放途中，他不承认诸神对人类事务有任何关切，以及他看待世界的科学眼光都使他容易受到以宗教为理由的控告。亚历山大一死，他在雅典的敌人们便趁机指控他不敬神，正如八十年前苏格拉底曾被指控的那样。但亚里士多德并未像苏格拉底那样接受死刑。苏格拉底曾有机会逃离雅典并活下去，但他选择了留下来，牺牲自己。亚里士多德相反，尽管那时他正遭受严重的胃痛，可能是癌症，但他并不是那种放弃生命的人。他逃离了雅典，躲在母亲的娘家，在优卑亚岛上的哈尔基斯一处带有花园和访客小屋的住所内。他的伴侣赫庇丽，也就是亚里士多德的儿子小尼各马可的母亲，一直陪伴着他。公元前32年，亚里士多德在那里去世。他一定饱经忧虑，也一定无比思念吕克昂学园的生活，无比怀念他同塞奥弗拉斯托斯的友谊，后者代替他执掌了学园。

但迁居哈尔基斯也让亚里士多德得以在一个美丽的地方面对死亡，以自己的医学知识来准备面对死亡。他从阅读古典文学中汲取感情的滋养，在一篇临终之前写下的动人残篇中，他说自己越是热爱古老的神话，"就变得越苍老和孤独"。哈尔基斯曾经是，现在也仍然是一座微风吹拂、有益健康的海滨小镇。想到在病情的最后阶段，他还会沿着长长的、洒满阳光的海滨步道散步，或许赫庇丽和孩子们陪着他，一起讨论怎样最好地面对他的死亡，以及他们没有他的未来，这还是值得高兴的。至爱之人的离去所带来的悲伤是最深的情感痛苦，多数人都经历过，因此它值得我们为之做好准备。亚里士多德在阅读古希腊经典描摹的英雄之死中寻找慰藉，而我们能够从富有启发的电影中得到这些。达伦·阿伦诺夫斯基（Darren Aronofsky）执导的电影《珍爱泉源》（2006）展现了一个临终之际的女人希望在自己剩余的生命中和丈夫尽享彼此的陪伴，而她的丈夫却无法面对迫在眉睫的分离，并过度分神于寻找治愈妻子的办法。对于失去亲人的后果，菲利普·法拉多（Philippe Falardeau）的耀眼的魁北克电影《拉扎老师》（2011）对之做出了十分敏锐的解读，这部电影探寻了一些经历了老师去世的孩子的伤痛，还有代替去世老师的新任教师的伤痛，后者是一个政治难民，他的妻子和孩子都在故乡死于谋杀。

亚里士多德在遗嘱中的反思深入到了对各种可能的未来的思

索，而在这些可能性里哪些会变成现实，这取决于那些让亚里士多德深爱并对之负有责任的人们中谁最先死去。这的确值得那些最能胜任筹划的人去深思。亚里士多德有两个亲生孩子，小尼各马可，还有女儿小皮西亚丝，此外他还收养了他的外甥尼卡诺。当他知道自己将在政治紧张的气氛中不久于世，而且个人又面对着一些雅典人的敌意时，亚里士多德指定了当时他能找到的权力最大的人来做自己遗嘱的执行人，这就是安提帕特，亚里士多德在马其顿长期的支持者，那时也是希腊的统治者。亚里士多德是认真的，除了那些愿后果自负之人外，他的选择确保了没有人能蔑视遗嘱的命令。

遗嘱开头部分的一个细节表明亚里士多德是在临终前不久写下或修改这份文本的，这也说明，他知道自己患的是不治之症。他的外甥兼养子尼卡诺是亚里士多德的姐姐阿丽姆奈斯特同姐夫普洛克塞努斯的孩子，亚里士多德选定他为第二执行人，但似乎当时他在国外。直到他回国后，亚里士多德请求自己的四个朋友及塞奥弗拉斯托斯——吕克昂学园的（很可能十分忙碌的）新领导者，"如果他愿意并且情况允许"，让他负责照顾"孩子们和赫庇丽，以及打理分给他们的遗产"。

亚里士多德显然很尊重这个养子。让他做自己两个孩子的监护人。但由于尼卡诺是亚里士多德的外甥，又十分年轻，亚里士多德意识到，尼卡诺和自己的亲生孩子之间的关系会变成"既是父子又是兄弟"。尼卡诺会格外关照小皮西亚丝，"并且会以对他自己和我们都好的方式来看待一切"。失去了父亲的女性容易被利用，需要一位仁慈的男性代她们处理法律和财务问题。亚里士多德因此希望尼卡诺同小皮西亚丝结婚，从而负责照顾她和他们的孩子。他对小皮西亚丝关爱有加，甚至还考虑到了尼卡诺死亡的可能性，从而为她指定了第二个值得信任的潜在结婚对象：塞奥弗拉斯托斯。

在亚里士多德的个人生活中，最为神秘的人物或许要属他常年的情人赫庇丽，一个来自亚里士多德故乡斯塔吉拉的女人。亚里士多德没有同她结婚，这可能是因为赫庇丽社会地位较低，或许是奴隶或被释放的奴隶。我怀疑，亚里士多德也考虑到了女儿小皮西亚丝的心理健康问题：古代世界十分忌讳继父母同继子或继女之间的冲突。欧里庇得斯的《阿尔刻提斯》中将死的女英雄从她丈夫那得到绝不再娶的承诺，这因而避免了可能怀有敌意的继母同他们孩子之间的冲突。小皮西亚丝或许也会感到欣慰，因为亚里士多德在遗嘱中说，要将她的亡母的尸骨挖出来，和亚里士多德自己的尸骨葬在一起。

尽管赫庇丽并非亚里士多德的正妻，但她还是为亚里士多德生下了儿子小尼各马可，亚里士多德小心翼翼地抚育着这个儿子。他也在遗嘱中谨慎地提及了令人感动的一点，"赫庇丽一直对我很好"。这意味着他的遗嘱执行人应当忠实地执行遗嘱中关于赫庇丽的部分，它们详细又充满感情：

> 假如她希望结婚，就给她找一个与我相当的人。除了她先前收到的礼物之外，还应该从产业中分给她一塔伦特银币。关于三个女奴，如果她想要，就把她现在所有的女奴，还有奴隶庇尔海乌斯都给她。如果她想在哈尔基斯生活，就给她花园旁边那栋访客小屋；如果她想回斯塔吉拉，就给她我父亲的房子。不管她选择哪栋房子，执行人都应配备适合且她喜欢的家具。

赫庇丽是否曾经恳求亚里士多德，不要让将军和哲学家来选择她的房间内饰呢？

亚里士多德对奴隶们的关照，尽管在公元前 4 世纪的富人中不乏先例，但仍然表明他同奴隶们建立了亲密的个人关系。亚里士多德要求，应在自己死后选择一个特殊的日子（例如自己女儿的婚礼）释放这些奴隶，他还额外留给其中一些人一笔十分慷慨的遗产。亚里士多德要确保跟随自己的奴隶们都不会被卖掉（这可能让他们落入不那么仁慈的主人手中）："执行人不应出售任何照顾过我的奴隶，而应当雇用他们。等他们到了合适的年龄，执行人应给他们应得的自由。"

亚里士多德和所有古希腊人一样，对人类如何达到某种意义上的"不死"，即在他们死后仍能维持其行为之影响十分感兴趣。最明显的方式就是养育儿孙来传递基因、延续家族。自荷马以来，写作者们也都自豪地谈论，让你的英雄事迹甚或不幸命运为脍炙人口的诗歌记载，这样你的声名和功绩便会传于后世。有钱人出钱请人创作自己的雕像、绘画、碑文、陵墓，好让自己和自己所爱的人活在公众的记忆中。哲学家，特别是柏拉图，认为创造新的理念类似分娩，因为重要的概念即使在提出它的人死后多年也依然能够改变他人的心灵和生命。

亚里士多德醉心于人类所创造的这些回避生物死亡的方式。尽管他个人并不相信人死后还有有知觉的生命，但他也小心翼翼不去蔑视人对这些仪式的本能需要，他们认为这种仪式能把他们和离开他们的至亲之人联系在一起。他认为，那种认为维系着希腊社会的友爱的纽带会随着死亡的到来完全消解的观点是"不友爱的"（aphilon）。他还写过一首诗来赞颂亡友，阿索斯王国的统治者赫米亚斯，亚里士多德在阿索斯度过了他三十五岁至四十岁的时光。他指定他最信任的朋友和学生塞奥弗拉斯托斯接替他执掌吕克昂学园，并且知道在他死后还有数十位年轻哲学家会保存并发展他的理智发现。在说明如何面对自己和至亲的死亡时，他还补充了一条格外有用的办法：系统性地锻炼你有意识地回忆的力量。

已死的人确实仍然活在那些爱着他们、受到他们影响的人们的记忆里。一个亚里士多德主义者会有条不紊地运用自己的记忆力来面对自己的衰老及失去所爱之人的现实。亚里士多德是我们所知的第一位在记忆和有筹划的回忆之间做出区分，并且认识到后者重要性的思想家：在所有动物之中，独有人拥有有筹划地回忆的能力。苏格拉底秉持来世的理论，发展出了这样的观点，即学习实际上是一种回忆，是回忆我们在上一世已经学会的东西。但亚里士多德没有时间考虑我们的心灵在前世也曾寄居于其他肉体中。他感兴趣的是，我们**此时此刻所拥有的心灵**为何天生就能按特定方式发展，以及个体的经验同想象和记忆的实践一起，在我们的成熟中起到怎样的作用。

亚里士多德用整整一篇文章《论记忆与回忆》来讨论人类拥有的这种不可思议的能力。这篇文章引人入胜，因为它有一种亲切感，把你同亚里士多德自己头脑中的感受联系在一起。亚里士多德描述了朗朗上口的旋律或话语，即"耳虫"[1] 所引发的激动

---

1　耳虫：这一说法源自德文词 ohrwurm，指某段音乐在大脑中不断重复的现象，这个词把大脑中的音乐形象地比作爬进耳朵中的虫子。——编者注

情绪，人们无法将这类旋律或话语逐出脑海，尽管我们可能会尝试"放弃这种惯性，拒绝屈服于它，但最终我们会发现自己还是持续地哼唱或是发出那熟悉的声音"。他完全意识到心灵能够阻止或抑制回忆，也意识到了我们如今称作"复原记忆综合征"（recovered memory syndrome）的现象，"很明显，我们可以记住那些虽然当下并未想起，但却曾长期感受到或遭到其折磨的事"。也许亚里士多德本人偶尔也会想起他童年遭遇过，但本已忘却多年的创伤。他尽力体验并详尽地描述了当他沉思他的意识所生成的精神图像时，发生了什么事情。这里的精神图像是指，他可能在想象某些假设的情况，可能在预期某些将要发生的事，也可能在随便回想或有所筹划地回忆过去的经历，"没有这种精神图像，就连思考也是不可能的"。

亚里士多德在另一篇对话[1]《论灵魂》中最为深入地探讨了想象。但在《论记忆与回忆》中，对亚里士多德来说重要的论题在于任意想起某事（尽管这些事也可以是有价值的）与有筹划地回忆之间的区分。还有些其他动物显然也拥有记忆。亚里士多德观察到一些动物从经验中"学习"：狗认识熟悉的道路，因为它曾走过这条路，但它不会安静地坐下来并有意地思考做一条小狗意

---

1 此处作者原文使用了"对话"一词，但实际上《论灵魂》和亚里士多德现存的所有其他作品一样是一篇论文，并非对话。

味着什么，也不能回忆起自己去年夏天和主人一起去了哪里，或是它母亲的样子。

然而，在关于回忆的这些严肃探讨之间，亚里士多德在回忆和随机记忆之间做出的区分还是令我忍俊不禁："记忆力很好的人和善于回忆的人并不一样，实际上一般说来，反应迟钝的人记忆力较好，而聪慧灵敏、学习轻而易举的人则更善于回忆。"一个人可以**学着**变得善于回忆，但亚里士多德观察到，反应迟钝的人记忆力较好，这提醒了我：现在很多教授对一种又一种的学术材料博闻强记，而古希腊那些"心不在焉的学者"们则在回忆购物清单或是其他生活琐事时有着糟糕的记忆力。

记忆和回忆各自与感觉的关系不同。亚里士多德说，记忆同我们的感觉能力联系在一起。马塞尔·普鲁斯特在《追忆逝水年华》（1913—1922）里提出了"无意识的记忆"（mémoire involontaire），当吃一块浸泡在茶里的小玛德莱娜蛋糕时，他的记忆"浮现"出来提醒他，还是孩子的时候他曾和姨母一起吃过这种蛋糕。但早于普鲁斯特两千年的以前，亚里士多德就仔细区分了这种"浮现"出来的无意识的记忆，它是我们的感觉推动我们进入的某段体验（mneme），以及我们能够通过"主动"回忆行为（anamnesis）有意恢复的、关于过去的信息。后者是人类独有的天赋。它是我们的理性有意识的能力，而非感觉的无意识。

亚里士多德用一幅美丽的画面描述了"普鲁斯特式的"记忆是如何运作的：我们的心灵具有感受和感觉的能力，就像一块可以被图章，即某种外部刺激盖上戳记的蜡封。他认真考虑了那些记忆力很差的人：年老者和幼小者、精神不健全的人。他对此的解释是，这类人的心灵中受感知影响的部分并不易受到"图章"的影响，不像黏稠的蜡封那样会很快风干并保留图章的纹样。在幼小的孩子身上，它更像流动的水；而在年老者和精神不健全者身上则更像古老厚重的墙壁。但有意地回忆又和这种由外部感官刺激所产生的记忆不同，前者是人类独特的能力，"回忆的过程也是搜寻的过程"。如果加以培育和运用，这种能力会有助于我们追求幸福。它与另一种人类独有的能力相关，那就是筹划我们的行动，它同"做正确的事"和实现我们的潜能是一致的。而在更普遍的人类层面，学习历史和诸如亚里士多德这样的古人的观念，是人类的一种有序回忆的集体进程，它对我们理解人类事业来说不可或缺，也是对我们未来的指引。

我怀疑，亚里士多德的父亲，斯塔吉拉的医生老尼各马可对精神疾病格外关注。亚里士多德的表述常常说明他意识到了各种不正常的意识，也就是我们所说的精神失常。他带着深邃的洞察力描写了人是如何受到杂糅了各种精神图像的幻觉，即混合了关于过去的真实记忆和想象出来的情境的折磨的。他描述了奥雷乌斯的安提法戎的情况，这个"疯子"对别人讲他的种种"精神图像，就像那些情境真实发生过"而且"他真的记得那些事"一样。亚里士多德还提到有抑郁或忧郁倾向的人因有缺陷的记忆而沮丧抑郁。他深信记忆通过感觉与身体密切相关，而在一些感觉中，精神图像的体验是一种物理活动，这一点听起来同现代神经科学的发现出奇接近。他还特别描述了感到烦忧的抑郁者："尽管他们注意力十分集中，但却记不住。"亚里士多德的父亲是否使用了某种心理疗法，要求病人回忆过去的创伤，并且亲自体验那些彻底"封锁"了关于创伤性事件的记忆的人所感到的沮丧压抑呢？

亚里士多德同样对存在于心灵之外的图像的力量感到着迷，这些图像能促进和刺激回忆。吕克昂学园中曾有一座苏格拉底的胸像，亚里士多德用它来辅助教学。他的传记作者说，亚里士多德本人在妻子皮西亚丝和朋友赫米亚斯死后请人制作了他们的雕像，并为他们写了诗。人们还说他请人为母亲绘制了肖像。在《诗学》里，他描述了人们在图画中"认出"某些人并且知道他们是谁时所感到的愉悦，以及这如何既有教育意义，又是一段愉快的经验。在《论记忆与回忆》中，亚里士多德研究了"内在于"我们的、我们认识的人的图像，他认为这些图像不但是静观的对象，就像它们拥有自己的生命，而且还有"一种相似性，可以辅助记忆"。亚里士多德举了一个名叫科里斯库的黑发学生为例，亚里士多德说，他关于科里斯库的精神图像可以就像一幅肖像画，即使他们最近没有见面，他也能观察并思考这名学生。只要你愿意，就能欣赏科里斯库在自己心灵中的内部显现，甚至可以随时观察他，这只有人类的回忆能力才能做到。如果科里斯库出现在我们心灵之中，这也可能是无意识的，我们可能并未有意将他"召唤"出来，这样一来，他就不是记忆，而是一种图像，是在其他感觉或记忆的刺激下产生的。在任何情况下，真实的、有意识的肖像和无意识的精神图像都让亚里士多德可以在这位学生不在场的情况下审视他。亚里士多德的心理学，和他对所爱之人小心翼翼记忆的传记传统，都是面对死亡和失去至亲的有用方法。

\*

这一章的大部分内容是我在母亲临终之时写下的，当时她已经九十岁，度过了漫长而满足的一生。我思考着亚里士多德的作品传达给我的内容，感到十分欣慰。尽管我也感到悲伤，但有意识地运用亚里士多德的伦理学体系还是让我在整体悲伤的情境下感到了安慰，因而也让我在有需要的时候表现得平静且乐观。亚里士多德的伦理学还向我强调了过一种尽可能好的生活是多么重要，因为生命是如此珍贵。我还发现，运用我自己的力量去回忆这一举动帮助我度过了守在母亲床边的那段格外痛苦的时间，而母亲温暖的回应，无力地拍拍我的手，偶尔在插在身上的管子之间对我微笑表明这也同样帮助了她。

我开始有意识地、尽可能详尽地回忆当我还是个孩子时，在母亲的陪伴下度过的幸福时光。翻旧照片、和其他家人交谈都很有帮助，但还是亚里士多德的"有筹划的回忆"激发了我最丰富的记忆。我用这种办法系统地回顾了我意识中的童年时光、住过的房子、在约克郡和苏格兰的海边度假的时光、我所上过的三所小学，在这之后我发现对这些事物的回忆勾起了我对彼时正值盛年的母亲的生动记忆。在我三岁时，我们围着她卧室里一台小小的唱片机跳舞，那时她买了一张披头士乐队的唱片《她爱你》；在某个夏日，她紧紧抱着我，沿着水边走向露天泳池时我感到巨大的幸福（她戴着呼吸机的时候曾对我做嘴型说，她以为这里是邓巴[1]）；她带给我皮尔斯香皂，因为我喜欢透过那透明的焦糖色看这个世界；我们在约克郡谷底某条小溪的一座小桥上花几个小时玩"维尼·普木棍游戏"[2]，她教我把木棍投入急速的水流，

---

1 邓巴是苏格兰的一个海滨小镇。
2 "维尼·普木棍游戏"是小熊维尼·普的创作者艾伦·亚历山大·米恩在作品中提及的一种游戏，其规则为参加者站在一座小桥上，将自己的木棍投入水中，看谁的木棍最先漂到下游终点。

这样它就能漂得最快；我们一起坐在电视机前看《和妈妈一起看》[1]，一起爆发出大笑；我生命中最快乐的下厨日里有她，有一碗一碗的生面团，还有她带来的一套点心模具，能做出小鸡、天使和复活节兔子的形状；在八岁时我切除了阑尾，尽管疼痛，我还是暗自为能够住院而开心，因为每天家里的兄弟姐妹去上学之后，她都会一个人来看我，这下我不需要和其他孩子争夺她的注意力了。在她临终时，我写下这些，还有其他我一开始有意识地在记忆库中搜寻便找到的回忆，在未来没有母亲的人生道路中，它们将带给我可以依赖的慰藉。

对那些并不信仰承诺来世的宗教的人而言，失去至亲又是另一番景象。亚里士多德并不相信来世，然而，虽然他被指控不敬神，但他实际上并不是无神论者。他甚至不是我们今天所以为的那种不可知论者。他只是并不相信遥远的神明真的会关怀人类事务。他拒斥柏拉图主义，而是将自己的伦理学基础建立在自然之上，这意味着关于人类行为的宗教理解成了多余的。亚里士多德主义者们并不把理解自然的追求和活得好的目标建立在宗教或形而上学的观念上，而是按自然主义的方法看待它们。但这并不是要排除神圣之物存在的可能性，也不是要否认至少宗教实践的某

---

1 这是 BBC 于 1953—1973 年间推出的一档面向学龄前儿童的电视节目。

些方面有益于人类。

亚里士多德注意到，世界上不同的民族都"认为诸神受一个王的统治，因为他们自己也是如此，一些人现在还被君王统治着，另一些则在过去习惯于这样。人们既然想象诸神具有人类的形象，也就认为诸神的生活方式同他们自己的一样了"。他认为，人类把诸神看作是人形的，只是因为他们的想象力有局限。他还知道僭主能够利用宗教加强对其臣民的控制，他们发明了神话中的诸神，"作为符合政体和功利的权宜之计，用以影响民众"。而另一方面，亚里士多德自己的神或诸神距离我们十分遥远，这道鸿沟太过巨大，我们无法指望同这样的神明发生联系，不管神是作为朋友还是作为独裁的统治者。

在关于物理学和形而上学的作品，以及《尼各马可伦理学》的某些部分中，亚里士多德认为对物质宇宙的沉思可能让我们更接近"神"。至少比起单纯地把某个天上的实体想象成类似人的形象或是超越于人类的君王，与他们的人类"臣民"有联系，这也是亚里士多德时代的大多数人理解神的方式，亚里士多德的办法更有可能让我们接近神。亚里士多德似乎认为天上的存在比人类"更神圣"。有时候他称太阳、群星和行星为"在天空中穿行的神圣之物""可见的神圣存在"或是"天空和可见之物中最神圣的"。由于他的整个哲学体系都将运动与变化置于中心，他认为神虽然遥远，但一定是"第一因"，或者说是运动的来源，推动了宇宙中其他事物的运动。因此，神是"推动者"，但其自身"不动"，也不会因人或其他诱因、力量或实体的影响而变化。

面对神由什么构成或神做什么这样的问题，亚里士多德以惯常的排除法来回答，他还写过一篇半开玩笑的小文章来提问神**不**做什么。人类能过的最好的生活就是遵循德性的生活，而神和人类不同，祂超越了一切伦理。神不会花时间做生意、通过订立契约和归还质押物来展现德性；神不必通过面对自然的危险来证明勇气，如果我们赞颂神对恶的欲求的控制，那我们就是真的在亵渎他，因为我们暗示神竟然有需要加以控制的欲求；神也不需要给世上的某人以钱财从而展现自己的慷慨。为了说明从而消解将神想象为人形这一举动的荒谬之处，亚里士多德发明了神圣的硬币和货币这两个概念。他开玩笑说，说神是永恒的，但又始终"像恩底弥翁[1]一样"沉睡，这是一种逃避。

由此，亚里士多德得出结论，和神联系在一起的活动一定与是最高的德性相关的活动，而作为人类，我们能做到的最好的行为就是主动运用我们的理智，此时我们是最有"德性的"，因此也就最幸福。正是在我们积极思考世界万物，将其理论化，即

---

1 恩底弥翁是受月神爱恋的美少年，月神因此请求宙斯使他永葆青春，同时又因为喜爱他睡着的样子而请宙斯让他永远处在睡眠当中。

过**理论化的**或充满思考的人生的时候，才是我们作为人类最接近神圣的时刻。显然，常常有人对亚里士多德说，将人类的理智活动和神相提并论是危险的，因为亚里士多德特意告诫读者要提防"对我们说人应该有人的思想、必死之物应该有关于死亡的想法的那些人"。人类，至少当他们处于对所感兴趣之物的理智沉思的短暂时刻中时，是处于完备的幸福状态中的，因而暂时获得了机会去做亚里士多德的神始终在做的事。

在亚里士多德的全部作品中，有关"神"的最著名的篇章出现在《形而上学》第十二卷。传统上，它以"λ 卷"[1]之名为哲学家所知。其文本内容极其丰富且晦涩难懂，但主旨是明确的。"神"是思想的现实化，或处于行动中的思想，这是我们人类也能短暂享受的，这种感觉和纯粹的幸福或快乐是一样的。运用我们最完善的能力在最高层面思考暂时将我们转变成了"神"，或至少让我们能分享神性。现实化的思想让我们活着，"神"也是如此。虽然我们是有生物寿命的短暂存在，但"神"的生命是最好的和永恒的，"我们认为，神是活着的存在，永恒且最好，因此生命和持续的永恒存在都属于神，因为这就是神之所是"。

这种论证听起来似乎比这本书所探讨的大部分"接地气"的

---

1 《形而上学》的每一卷均用希腊字母表示。

亚里士多德主义常识和实践智慧更神秘。然而，在更深的层次上，"神"是永恒的思想或理性这种观点令人惊异地勾画出我们这个时代的思想最先进的知识分子的观念。在畅销书《时间简史》（1998）中，斯蒂芬·霍金总结说："如果我们发现了一个完整的理论，那么它应该迟早得到所有人的理解，而不是仅有少数科学家才能理解。那么我们所有人，哲学家、科学家和普通人都能参与到'为何我们和宇宙存在'这一问题的讨论之中。如果我们找到了答案，这就将是人类理性的最终胜利，因为如此一来，我们将会知晓神的心灵。"令人感到诧异的是，这一结论听起来是如此的亚里士多德主义。

亚里士多德主义者认为，人类分有神性是因为他们能施展理性并能使用其心灵去理解宇宙，那么面对已经建立的宗教，他们又会如何行事呢？亚里士多德不像柏拉图，他很少谈论虔敬，至少在伦理学文章中很少。考虑到他把伦理学建立在自然而非神学的基础上，这并不十分令人惊讶。但在其他作品中，他只是偶尔简单地流露出对某些传统敬神仪式的赞同，因为这些仪式能带来社会和其他方面的好处，也包括集体娱乐。这种立场很有帮助，即使你不在任何传统意义上"信仰"神，在你的社区要通过宗教仪式谋求团结或慰藉时，偶尔去一次教堂、清真寺、犹太会堂或者寺庙也是有意义的。

在《政治学》里，亚里士多德认为，营造一种最适宜人类在其中繁荣发展，并关照宗教信仰的环境，对城邦来说是很重要的。比如他赞美"因为愉悦的原因建立起来的组织，例如宗教协会或是公餐会，它们是祭仪和社会纽带的结合"。他认为，在运行得很好的城邦里，人们会聚在一起"举行和他们相关的祭仪和庆典，以此敬神或享受节日的快乐。人们可能会注意到，源于古代的祭仪和庆典都是在收获时节举行的，实际上是秋收祭，这是因为秋天是一年中人们拥有最多闲暇的季节"。亚里士多德向女性提出过一条别具风格的建议，这条建议将他对漫步的主张及来自医生的、祖传的洞察力，与对传统宗教仪式至少予以一些尊重的观点结合在一起。他公开倡议，在运行良好的城邦中，应该鼓励怀孕的女性"照顾好自己的身体，不要回避锻炼，也不要吃得太少"。例如，关于锻炼，他建议"每天走到神庙去对掌管生育的神做应有的敬拜"。

不加以节制的迷信则是另一回事，亚里士多德似乎同意他的朋友和同僚、逍遥学者塞奥弗拉斯托斯的观点。在一本叫作《品质》（Characters）的关于道德群像的书中，塞奥弗拉斯托斯描述了一个可笑的迷信者的恐惧。他说，典型的迷信之人惧怕同生过孩子的女人、疯子和癫痫病人接触。这些原始的禁忌将真正的污染，即瘴气（miasma），同这几类人联系在一起，这种滑稽而荒谬的做法令吕克昂学园理性的哲学家感到震惊。亚里士多德常常在自己的作品里提及未受教育之人所深信不疑的、对某些现象的迷信且非科学的解释（实际上这些现象都能通过经验观察从自然中得到理解）。但有些习俗则又是另一回事，例如在某几位神和英雄的护佑下举办的公餐会，或是怀孕的妇女漫步前往阿尔忒弥斯（这位女神照管女性生命的生理方面）的神庙上供。亚里士多德似乎并不认为这些有益的传统宗教习俗有任何害处。但这些对我还不够。如果我作为一个亚里士多德主义者并不倾向于要去实践例行的祈祷仪式或宗教仪式，也不相信这些仪式有效，那我又该如何看待这世界上众多的信仰及实践这些仪式的人？这个问题让我焦虑，部分是因为在我所出生的家庭中大部分人信仰上帝，也会实践某些新教仪式，我还有很多密友信仰罗马天主教，或是虔诚的犹太教、伊斯兰教、锡克教或印度教教徒。他们中很多人都过着有德性的生活，践行着和我相似的伦理，是宗教信仰帮助他们如此。在我所生活的世界里，有更多的人信仰宗教而非相反，很多人都相信他们的上帝或诸神直接参与和他们有关的人类事务。他们并没有强迫其他人接受他们的信仰，或以神权的方式尝试用自己的信仰取代对普遍幸福的世俗追求，并以此作为立法和公民关系的前提，也没有因为我有权在不信仰任何神的前提下追求幸福，有权不赞同他们追求幸福的方式而同我争执。有鉴于此，我需要无条件地接受并尊重同胞们的宗教信仰，而且也绝没有证据表明亚里士多德不是如此的。

当时日艰难时，不信仰一个或多个能干涉人类事务的神明，或不相信有来世，会让生活十分困难。亚里士多德的很多同代人，包括马其顿皇室的成员，都因为希望永生而信仰一些秘教。当遭遇严峻的困难时，我们中的一些人会极其想寻求超自然力量来帮助自己，但这种欲望在我们自己或是我们爱的人将死时是最强烈的。对奇迹般的痊愈或是受福佑的来生的渴求会侵袭哪怕最理性的不可知论者。这没有什么实质性的伤害。任何能在人遭受痛苦时提供慰藉的东西都不该被轻易地舍弃。然而，直面人终有一死的事实，能让生命本身在它仍然存续的时候变得无限丰富和生动。认识到我们的意识在身体机能停止的那一刻也会停止，就像拔掉插头后电流会消失一样，也是很有好处的。死亡意味着不再有痛苦和折磨，但也不再会有快乐。

生命对亚里士多德而言就是全部的意义。他用一生来思考活着意味着什么，对植物和动物、鸟和鱼，当然还有人类。在著名的"小鸡实验"中，他满怀好奇地观察了在蛋中得到孵化的若干天后小鸡破壳而出的时刻。他用严谨、理性、科学的散文记录下他日常观察的结果，这些记录就像纯粹的诗文：

约二十天时，如果你剥开鸡蛋抚摸小鸡，它会蠕动并发出唧唧声。当二十天过后小鸡啄破蛋壳时，它身上已经覆盖了羽绒。它的头部在右腿上方接近肋部的地方，翅膀在头部上方。此时我们能很清楚地看到一层状如胞衣的薄膜位于蛋壳最外层的薄膜之下。

除了对生命的好奇和尊重，亚里士多德还坚信，只要有耐心并在道德上做出努力，人就能克服可怖的情感痛苦，这是他反对自杀的原因。

早期的基督教徒为了引用亚里士多德并削减他以人类为中心的世界观的解释力，就编造了一个故事，说亚里士多德在承认神参与了物理创世过程之后自杀了，也就是说，他放弃了自己以人类为中心的伦理观和科学思想。这些基督徒还说，亚里士多德跳进了把哈尔基斯和希腊大陆分隔开来的尤里普斯海峡。他愤怒于自己无法用科学的方法解释这条窄窄的海峡里掀起的巨浪，因此，在生命的最后时刻，他承认在这个世界上有一种神秘的力量在起作用，而他的理智不能理解这种力量。但作为宣传话语，这样的故事是毫无意义的。对亚里士多德来说，自杀的问题在于其背后的**意图**是否定性的：为了**逃避**"贫穷或爱的苦闷或痛苦"。他注意到，有一类自杀的人是一些罪犯，他们通过自杀来**逃避**过去和社会的谴责，所导致的结果是："那些罪行累累、其恶行为人所不齿的人逃离生命也逃避自己。"人会自杀并不是因为他们认为那是当时情境下可以思虑得最周详的行动，也不是因为这是有能力的筹划者的抉择，而是因为面对困难时的软弱。亚里士多德似乎赞同雅典的律法，其中自杀不是罪行，但也没有得到准许。

在历史上有众多哲学家曾思考过自杀问题。一些与亚里士多德持相同意见反对自杀的哲学家，比如柏拉图和康德，在谈论这个问题时都将自杀之人置于与三种实体之关系的情境之下：他和自己的关系、和社会的关系及和神的关系。不过，亚里士多德在另一篇文章中的观点似乎是他只关心自杀之人和共同体的关系。对他而言，"由于一时血气而自杀"的人是在进行暴力犯罪，其造成的伤害由共同体承担。共同体失去了一个成员，而因为我们每个人都对共同体负有责任，所以如果我们自杀就意味着我们造成了共同体的损失。[1]当还有人爱我们或依靠我们时，即使那只是其他同胞，自杀也是一种谋杀。有趣的是，亚里士多德给这个论点加上了一个条件，那就是有罪的自杀是出自一时的血气。我们还不清楚他是不是把另一种自杀也包括在内，那就是那些深

---

[1] David Novak, *Suicide and Morality* (New York: Scholars Studies Press, 1975), pp. 59–60.——作者注

信自己已经成为负担或是即将死去之人的有筹划的、经过预谋的自杀。

亚里士多德从未表示过自己支持自杀，也从未帮助过身患绝症的人实施自杀。如果他的确反对自杀，那么有些人会回应他说，患上不治之症的人如果还有健全的理性，应该有权利选择无痛苦而有尊严的死亡。但在另一些情况下，研究自杀群体的专家强调，自杀的决定往往是一时的、考虑不周的。这就和亚里士多德那些坚定的信奉者们奉行的，为了活得好而做正确之事的道路不相容了。很多人会在深陷忧郁之时，特别是失去了至亲或是人际关系破裂的时候考虑自杀，但过着亚里士多德式生活的人会发现，一切都在改变，未来还可能存在超越于当前绝望的幸福。亚伯拉罕·林肯一生都在同抑郁做斗争，虽然有过几次自杀经历，但因为深知改变确实会发生，他活了下来，并且实现了他的潜能。1862 年，他给一位失去了父亲的年轻女性朋友写下了这段深刻的、亚里士多德式的文字：

> 知悉仁爱勇敢的令尊去世，我深感悲痛，特别是此事对你年轻的心灵造成的创痛远超其他。在我们所寄身的悲哀的世界里，伤痛会侵袭所有人，而对年轻人，它最为剧烈，因为它会在不知不觉间到来。老者已经知道它迟早要来。我极

为渴望减轻你如今的苦闷。完全卸下重担是不可能的，那只能依靠时间。现下你不会感到未来总会变好，不是如此吗？然而，这种想法是错误的，你一定能再度快乐起来。知晓这千真万确的一点能让你此时稍微不那么悲惨一点。我已经经历了太多，可以对自己的话负责，你只需要相信我，同时稍微好转一些即可。你心灵中关于令尊的记忆并非痛苦的，而是悲伤又甜蜜的，它比你以往所知更纯洁、更神圣。

如果一个亚里士多德主义者想要自杀，由于确信人的感情状态会改变，他会决定选择一条从短期看来更为艰难的道路。

变化是恒常的。亚里士多德用一个意象贯穿所有作品来展现他的观点，他认为事物的一部分甚至整个形式都会变化和消失，而其他部分还可以继续存在。例如，同一张字母表里的字母用不同方式加以排列组合，就能创造出不同的悲剧或喜剧。自然界的万事万物都永不停息且必定生成、消灭，每一样的物质成分又参与了另一样事物的生成。但重要的是，亚里士多德承认以下二者的**区别**：一是有机生物的繁殖，二是元素的循环转化，例如水蒸发成为云，又变成雨落到地面，然后再次变成云。不像雨和云，"人和动物不会回归自身从而再次成为同样的生物"。死就是死，但即使如此也仍有宽慰，那就是你不是必然成为和你父亲一样的人。你也许从未如此想过，但当你存在时，就有美好的确定性：你的父亲必定在你之前"存在"。你的父亲（和你母亲一样）曾在那里，作为人类恒常的、繁衍生息的一部分，他曾在那里，曾活过，曾参与这一切，他曾过着那样的生活，没有什么人或事能剥夺这一点。

最后，我们都能从亚里士多德最美好的句子中得到慰藉。他甚至还建议说，我们在自然界看到的生成的永恒过程，也就是人类生生不息、代代相传这一过程是"'神'对没有创造出永恒存在的解决之道"。神希望世界是永恒的，也希望通过"让生成成为永恒的过程"而使世界尽可能接近于永恒。这赋予整个宇宙历史，也包括人类历史，以及参与了人类历史的我们每一个个体，一种终极的整体性和一致性，"持续不断地生成之生成最接近永恒事物"。

# 术语对照表

anamnesis                      记忆

arete                             德性（复数 aretai）

autarkeia                     自足

authekastos                坦诚面对自己

dianoia                        心灵活动

dynamis                     潜能

endoxa                      意见；一般大众所持有的信念

energeia                    实现

enthymeme                 省略三段论

epieikeia                   公正

ethos                         性格

euboulia                   良好筹划；做出良好选择的能力

hamartia                    错误

hedone                      快乐

| | |
|---|---|
| hexis | 品质 |
| hypokrisis | （修辞的）传达 |
| kakia | 恶习，坏品质（复数 kakiai） |
| megalopsychos | 拥有伟大的灵魂 |
| meson | 中道 |
| phainomena | 经验观察 |
| phronesis | 实践智慧 |
| physis | 自然 |
| polis | 城邦，城市-国家 |
| prohairesis | 偏好 |
| praxis | 行动，活动 |
| skopos | 目标 |
| sophos | 明智的人，专家，专业人士 |
| symboulia | 提出和听取建议 |
| telos | 目的，结果，死亡 |
| theoria | 理论 |
| zoon politikon | 政治的动物，社会（共同体）动物 |

# 致　谢

　　这本书的完成很大程度上要归功于以下工作人员对我耐心而充满同情的支持，他们是：我的代理人 Peter Straus 和 Melanie Jackson，专业的出版人和编辑 Ann Godoff、Stuart Williams、Jörg Hengsen 及技术编辑 David Milner。多年以来，我在与以下几位优秀的亚里士多德主义者、古典学家及哲学家的对话中，学习到了许多，他们是：Tom Stinton、Gregory Sifakis、Sara Monoson、Christopher Rowe、Malcolm Schofield、Heinz-Günther Nesselrath、Jill Frank、David Blank、Phillip Horky、Richard Kraut、Sol Tor、Carol Atack、Francis O'Rourke、Paul Cartledge 及 John Tasioulas。然而，如果没有我的家人同情而持久的支持，这本书也同样无法完成，感谢我的丈夫 Richard、我的女儿 Georgia Poynder 和 Sarah Poynder。Sarah 勇敢地与我还有 Leonidas Papadopoulos 一起旅行，走过了亚里士多德曾住过的每一个地方。这次旅行也得到了 Christina Papageorgiou、Symeon Konstantinidis 及 John Kittmer 的贴心帮助。

# 延伸阅读

除了注释推荐的参考文献之外，还可参考以下书目和论文。

## 导 言

J. L. Ackrill, *Aristotle the Philosopher* (Oxford: OUP, 1981). Mortimer I. Adler, *Aristotle for Everyone* (New York: Macmillan, 1978).

Jonathan Barnes, *Coffee with Aristotle* (London: Duncan Baird, 2008).

Joseph Williams Blakesley, *A Life of Aristotle* (London: John W. Parker, 1839).

Sarah Broadie, *Ethics with Aristotle* (New York: OUP, 1993).

Jonathan Haidt, *The Happiness Hypothesis: Putting Ancient Wisdom to the Test of Modern Science* (London: Arrow, 2006).

Terence Irwin, *Aristotle's First Principles* (Oxford: Clarendon Press, 1993).

Burgess Laughlin, *The Aristotle Adventure: A Guide to the Greek, Latin and Arabic Scholars who Transmitted Aristotle's Logic to the Renaissance* (Flagstaff: Albert Hale, 1995).

Carlo Natali, *Aristotle: His Life and School* (Princeton: Princeton University Press, 2013).

Rupert Woodfin and Judy Groves, *Introducing Aristotle: A Graphic Guide* (Cambridge: Icon Books, 2001).

## 1 幸 福

J. Ackrill, "Aristotle on Eudaimonia", *Proceedings of the British Academy* (1974), pp. 3–23.

Julia Annas, *The Morality of Happiness* (Oxford: OUP, 1993).

Sissela Bok, *Exploring Happiness: From Aristotle to Brain Science* (New Haven: Yale University Press, 2010).

Anthony Kenny, *Aristotle on the Perfect Life* (Oxford: Clarendon Press, 1995).

Richard Kraut, "Two conceptions of happiness", *Philosophical Review* 88 (1979), pp. 167–197.

G. Richardson Lear, *Happiness and the Highest Good: An Essay on Aristotle's Nicomachean Ehics* (Princeton: Princeton University Press, 2004).

Roger Sullivan, *Morality and the Good Life* (Memphis: Memphis State University Press, 1977).

Nicholas White, *A Brief History of Happiness* (Oxford: Blackwell Publishing, 2006).

## 2　潜　能

Jean de Groot, "Dunamis and the Science of Mathematics: Aristotle on Animal Motion", *Journal of the History of Philosophy* 46 (2008), pp. 43–67.

Jill Frank, "Citizens, Slaves, and Foreigners: Aristotle on Human Nature", *American Political Science Review* 98 (2004), pp. 91–103.

Jim Garrison, "Rorty, metaphysics, and the education of human potential", in Michael A. Peters and Paulo Ghiraldelli Jr (eds), *Richard Rorty: Education, Philosophy, and Politics* (Lanham: Rowman & Littlefield, 2001), pp. 46–66.

Edith Hall, " 'Master of Those Who Know': Aristotle as Role Model for the Twenty-first Century Academician", *European Review* 25 (2017), pp. 3–19.

Elizabeth Harman, "The potentiality problem", *Philosophical Studies* 114 (2003), pp. 173–198.

Michael Jackson, "Designed by theorists: Aristotle on utopia", *Utopian Studies* 12 (2001), pp. 1–12.

Lynn M. Morgan, "The potentiality principle from Aristotle to Abortion", *Current Anthropology* 54 (2013), pp. 15–25.

Martin E. P. Seligman, *The Optimistic Child*, 2nd edition (Boston & New York: Houghton Mifflin, 2007).

Charlotte Witt, "Hylomorphism in Aristotle", *Journal of Philosophy* 84 (1987), pp. 673–679.

## 3　选　择

Robert Audi, *Practical Reasoning and Ethical Decision* (London: Routledge, 2006).

Agnes Callard, "Aristotle on Deliberation", in Ruth Chang and Kurt Sylvan (eds), *The Routledge Handbook of Practical Reason* (London: Routledge, 2017).

Charles Chamberlain, "The Meaning of Prohairesis in Aristotle's Ethics", *Transactions & Proceedings of the American Philological Association* 114 (1984), pp. 147–157.

Norman O. Dahl, *Practical Reason, Aristotle, and Weakness of the Will* (Minneapolis: University of Minnesota Press, 1984).

D. L. Martinson, "Ethical decision-making in Public Relations: What would Aristotle say?", *Public Relations Quarterly* 45 (2000), pp. 18–21.

J. McDowell, "Deliberation and Moral Development in Aristotle's Ethics", in J. McDowell, S. P. Engstrom and J. Whiting (eds), *Aristotle, Kant, and the Stoics: Rethinking Happiness and Duty* (Pittsburgh & Cambridge: CUP, 1996), pp. 19–35.

Monica Mueller, *Contrary to Thoughtlessness: Rethinking Practical Wisdom* (Lanham: Lexington Books, 2013).

C. Provis, "Virtuous decision-making for Business Ethics", *Journal of Business Ethics* 91 (2010), pp. 3–16.

Heda Segvic, "Deliberation and choice in Aristotle", in Myles Burnyeat (ed.) with an introduction by Charles Brittain, *From Protagoras to Aristotle: Essays in Ancient Moral Philosophy* (Princeton & Oxford: Princeton University Press, 2009).

# 4　沟　通

Janet M. Atwill, *Rhetoric Reclaimed: Aristotle and the Liberal Arts Tradition* (Ithaca & London: Cornell University Press, 1998).

Paul D. Brandes, *A History of Aristotle's Rhetoric* (London: Scarecrow, 1989).

Jamie Dow, *Passions and Persuasion in Aristotle's Rhetoric* (Oxford: OUP, 2015).

Richard Leo Enos and Lois Peters Agnew (eds), *Landmark Essays on Aristotelian Rhetoric* (London: Lawrence Erlbaum Associates, 1998).

Eugene Garver, *Aristotle's Rhetoric: An Art of Character* (Chicago & London: University of Chicago Press, 1994).

Ekaterina Haskins, "On the term 'Dunamis' in Aristotle's definition of Rhetoric", *Philosophy and Rhetoric* 46 (2013), pp. 234–240.

Amélie Oksenberg Rorty (ed.), *Essays on Aristotle's Rhetoric* (Berkeley & London: University of California Press, 1996).

Sara Rubinelli, *Ars Topica: The Classical Technique of Constructing Arguments from Aristotle to Cicero*, with an Introduction by David S. Levene (Dordrecht: Springer, 2009).

# 5　认识自己

Susan K. Allard-Nelson, *An Aristotelian Approach to Ethical Theory* (Lewiston & Lampeter: Edwin Mellen Press, 2004).

Timothy Chappell (ed.), *Values and Virtues: Aristotelianism in Contemporary Ethics* (Oxford: Clarendon Press, 2006).

Howard J. Curzer, *Aristotle and the Virtues* (Oxford: OUP, 2012).

Marguerite Deslauriers "How to distinguish Aristotle's virtues", *Phronesis* 47 (2002), pp. 101–126.

Edwin M. Hartman, *Virtue in Business: Conversations with Aristotle* (Cambridge: CUP, 2013).

D. S. Hutchinson, *The Virtues of Aristotle* (London: Routledge, 2016).

Richard Kraut, *Aristotle on the Human Good* (Princeton: Princeton University

Press, 1989).

Martha Nussbaum, *The Fragility of Goodness* (Cambridge: CUP, 1986).

Glen Pettigrove, "Ambitions", *Ethical Theory and Moral Practice* 10 (2007), pp. 53–68.

J. Urmson, "Aristotle's Doctrine of the Mean", *American Philosophical Quarterly* 10 (1973), pp. 223–230.

## 6 意 图

Michael Bratman, *Intentions, Plans, and Practical Reason* (Cambridge, Mass.: Harvard University Press, 1987).

P. Crivelli, *Aristotle on Truth* (Cambridge: CUP, 2004).

Javier Echeñique, *Aristotle's Ethics and Moral Responsibility* (Cambridge: CUP, 2012).

S. Dennis Ford, *Sins of Omission: A Primer on Moral Indifference* (Minneapolis: Fortress Press, 1990).

Alfredo Marcos, *Postmodern Aristotle*, with a foreword by Geoffrey Lloyd (Newcastle upon Tyne: Cambridge Scholars, 2012).

Martha C. Nussbaum, "Equity and Mercy", *Philosophy and Public Affairs* 83 (1993), pp. 83–125.

Roger A. Shiner, "Aristotle's theory of equity", in S. Panagiotou (ed.), *Justice, Law and Method in Plato and Aristotle* (Edmonton: Academic Printing and Publishing, 1987).

John Tasioulas, "The paradox of equity", *Cambridge Law Journal* 55 (1996), pp. 456–469.

## 7 友 爱

E. Belfiore, "Family friendship in Aristotle's Ethics", *Ancient Philosophy* 21 (2001), pp. 113–132.

Robert J. Fitterer, *Love and Objectivity in Virtue Ethics* (Toronto & London:

University of Toronto Press, 2008).

Barbro Fröding and Martin Peterson, "Why virtual friendship is no genuine friendship", *Ethics and Information Technology* 14 (2012), pp. 201–207.

Todd L. Goodsell and Jason B. Whiting, "An Aristotelian theory of family", *Journal of Family Theory & Review* 8 (2016), pp. 484–502.

R. Hursthouse, "Aristotle for women who love too much", *Ethics: An International Journal of Social, Political, and Legal Philosophy* 117 (2007), pp. 327–334.

Juha Sihvola, "Aristotle on sex and love", in Martha C. Nussbaum and Juha Sihvola (eds), *Sleep of Reason: Erotic Experience and Sexual Ethics in Ancient Greece and Rome* (Chicago & London: University of Chicago Press, 2002).

Lorraine Smith Pangle, *Aristotle and the Philosophy of Friendship* (Cambridge: CUP, 2003).

S. Vallor, "Flourishing on Facebook: virtue friendship & new social media", *Ethics and Information Technology* 14 (2012), pp. 185–199.

## 8  共同体

Susan D. Collins, *Aristotle and the Rediscovery of Citizenship* (Cambridge: CUP, 2006).

Jill Frank, *A Democracy of Distinction: Aristotle and the Work of Politics* (Chicago: Chicago University Press, 2005).

Richard Kraut, *Aristotle: Political Philosophy* (Oxford: OUP, 2002).

Armand Marie Leroi, *The Lagoon: How Aristotle Invented Science* (London & New York: Bloomsbury, 2014).

David Roochnik, *Retrieving Aristotle in an Age of Crisis* (Albany: SUNY Press, 2013).

Skip Worden, "Aristotle's natural wealth: the role of limitation in thwarting misordered concupiscence", *Journal of Business Ethics* 84 (2009), pp. 209–219.

## 9  闲  暇

Victor Castellani, "Drama and Aristotle", in James Redmond (ed.), *Drama and*

*Philosophy* (Cambridge: CUP, 1990), pp. 21–36.

Damian Cox and Michael P. Levine, *Thinking through Film: Doing Philosophy, Watching Movies* (Chichester: WileyBlackwell, 2012).

Edith Hall, "Aristotle's theory of katharsis in its historical and social contexts", in Erika Fischer-Lichte and Benjamin Wihstutz (eds), *Transformative Aesthetics* (London: Routledge, 2017), pp. 26–47.

Paul W. Kahn, *Finding Ourselves at the Movies* (New York: Columbia University Press, 2013).

Kostas Kalimtzis, *An Inquiry into the Philosophical Concept of Scholê: Leisure as a Political End* (London & New York: Bloomsbury Academic, 2017).

Joseph Owens, "Aristotle on Leisure", *Canadian Journal of Philosophy* 11 (1981), pp. 713–723.

J. Pieper, *Leisure, the Basis of Culture* (New York: Random House, 1963).

F. E. Solmsen, "Leisure and Play in Aristotle's Ideal State", *Rheinisches Museum für Philologie* 107 (1964), pp. 193–220.

Wanda Teays, *Seeing the Light: Exploring Ethics through Movies* (Malden, Mass.: Wiley-Blackwell, 2012).

# 10　死　亡

Anton-Hermann Chroust, "Eudemus or On the Soul: A Lost Dialogue of Aristotle on the Immortality of the Soul", *Mnemosyne* 19 (1966), pp. 17–30.

Christopher Deacy, *Screening the Afterlife: Theology, Eschatology, and Film* (New York: Routledge, 2012).

Brian Donohue, "God and Aristotelian Ethics", *Quaestiones Disputatae* 5 (2014), pp. 65–77.

John E. Hare, *God and Morality: A Philosophical History* (Oxford: Blackwell, 2007).

Gareth B. Matthews, "Revivifying Aristotle on life", in Richard Feldman, Kris McDaniel, Jason Reibley and Michael Zimmerman (eds), *The Good, the Right, Life and Death: Essays in Honor of Fred Feldman* (Aldershot: Ashgate, 2006).

Martha C. Nussbaum, "Aristotle on human nature and the foundations of Ethics", in J. E. J. Altham and Ross Harrison (eds), *World, Mind, and Ethics: Essays on the Ethical Philosophy of Bernard Williams* (Cambridge: CUP, 1995), pp. 86–131.

Amélie Oksenberg Rorty, "Fearing Death", *Philosophy* 58, no. 224 (1983), pp. 175–188.

Kurt Pritzl, "Aristotle and Happiness after Death: Nicomachean Ethics 1. 10–11", *Classical Philology* 78 (1983), pp. 101–111. Richard Sorabji, *Aristotle on Memory*, 2nd edition (London: Duckworth, 2004).

# 出版后记

*Aristotle's Way* 的中译本成书于一个十分特殊的时间节点——新型冠状病毒几乎席卷全球的时刻，因此在艰难的时刻阅读这样一本关切自身伦理生活的作品显得意义甚重。

作者在本书中试图描述和分析一种持续的主观幸福状态，小到日常饮食，大到生离死别，作者希望读者借由学习亚里士多德的伦理学去思考这些主题。对亚里士多德而言，幸福是"所有的德性能力未曾受损的人都能够通过学习或努力获得"的。因此"向善的能力会在特定环境和时间中丧失，不过对大部分人来说，如果他们选择投身于创造幸福，那么幸福就一定是可得的"。

希望本书的出版在这个特殊的时期能给读者朋友带来些许启发。由于编者和译者水平有限，这其中或许存在一些错误和纰漏，欢迎大家来信指正。

服务热线：133-6631-2326　188-1142-1266

服务信箱：reader@hinabook.com

**图书在版编目（CIP）数据**

良好生活操作指南：亚里士多德的十堂幸福课 /
（英）伊迪丝·霍尔著；孙萌译 . -- 天津：天津人民出
版社，2021.2
书名原文：ARISTOTLE'S WAY: How Ancient Wisdom Can Change Your Life
ISBN 978-7-201-16886-9

Ⅰ . ①良… Ⅱ . ①伊… ②孙… Ⅲ . ①幸福—通俗读
物 Ⅳ . ① B82-49

中国版本图书馆 CIP 数据核字 (2020) 第 246457 号

# 良好生活操作指南：亚里士多德的十堂幸福课

LIANGHAO SHENGHUO CAOZUO ZHINAN: YALISHIDUODE DE SHITANG XINGFUKE

［英］伊迪丝·霍尔　著；孙萌　译

| | | | | |
|---|---|---|---|---|
| 出　　版 | 天津人民出版社 | 出 版 人 | 刘　庆 |
| 地　　址 | 天津市和平区西康路 35 号康岳大厦 | 邮政编码 | 300051 |
| 邮购电话 | （022）23332469 | 电子信箱 | reader@tjrmcbs.com |
| 出版统筹 | 吴兴元 | 责任编辑 | 金晓芸 |
| 特约编辑 | 骆宣庆　曾雅婧 | 营销推广 | ONEBOOK |
| 装帧制造 | 墨白空间·张萌 | | |
| 印　　刷 | 北京汇林印务有限公司 | 经　　销 | 新华书店经销 |
| 开　　本 | 889 毫米 × 1194 毫米　1/32 | 印　　张 | 10.25 |
| 字　　数 | 164 千字 | | |
| 版次印次 | 2021 年 4 月第 1 版　2021 年 2 月第 1 次印刷 | | |
| 定　　价 | 49.80 元 | | |

后浪出版咨询（北京）有限责任公司 常年法律顾问：北京大成律师事务所　周天晖 copyright@hinabook.com
未经许可，不得以任何方式复制或抄袭本书部分或全部内容
版权所有，侵权必究
本书若有质量问题，请与本公司图书销售中心联系调换。电话：010-64010019